ステドール

数学の歴史

The History of Mathematics:
A Very Short Introduction
Jacqueline Stedall

三浦伸夫―訳

丸善出版

The History of Mathematics

A Very Short Introduction

Jacqueline Stedall

訳者まえがき

近年、書店には多くの数学史関連書籍が並んでいる。その大半は、古代から近現代までの数学に関するトピックを選び編年体に述べたもの、そして歴史上の数学を現代数学の視点で解説したものである。本書はそういった数学史記述に対して異を唱える小論である。数学史の記述はどうあるべきか、さらにそこから何を学ぶことができるかを、次々と具体例をあげて述べている。数学史に関心のある者にはもちろん、科学史さらに歴史に関心のある一般の読者も本書から得られることは多いであろう。

著者は、数学史を「象牙の塔の歴史」「エリートの歴史」「飛び石の歴史」に区別する。従来の数学史の多くが、一般人とは無縁のエリートにのみ着目していたため、飛び飛びの記述であったとして、その問題点や解決法を提起している。著者が述べるように、従来数学史は数学者が記述することが多く、現代数学に繋がる数学を現代記号を用いて説明するのが常であった。たしかに数学内容の理解という点ではそれも一つの、しかも重要な方法であろう（これは内的アプローチという）。しかし、それは数学者の仕事であって、歴史家の仕事ではないと著者はいう。数学史研究は二〇世紀後半からかなり変化したのである。歴史の中の数学を知るためには、数学のみならず、さらに社会、文化、思想をも視野に収めた外的アプローチも必要であるという。このことは至極当然のアプローチで、化学史や医学史などではすでに盛んに取り入れられている。しかし、数学史ではどうしても数学内容が問題となり、難しい作業になる。また哲学的、社会学的アプローチを示した作品がすでに二〇世紀後半に日本にも紹介されている。I・ラカトシュ『数学的発見の論理：証明と論駁』や、D・ブルア『数学の社会学：知識と社会表象』などである。しかし、現実にはこれらの方法が国内外で十分発展され根付いているとは言い難い。

本書は編年体で書かれてはいないため、数学史に馴染みのない読者にとっては戸惑いがあるかもしれない。また、従来の数学史では通り過ぎてしまう、ハリオットやレコード達への言及がある。さらにバビロニアや、カンブリア地方における数学教室にも話が及ぶ。これら従来の数学史の本では聞き慣れない珍しい話は興味深く、本書の長所である。バビロニア数学に少なからずの記述が割かれているのは、著者ステドールの友人でバビロニア数学史研究家エレノア・ロブソンからの影響である。この二人は共同して、オックスフォード大学出版会から数学史論文集を二〇〇九年に編纂している。この編集本の内容と視座をまとめたものが本書と言え、さらに関心を持たれた読者は、こちらの方も参照されることをお勧めする。これには次の和訳がある。

・Eleanor Robson, Jacqueline A.Stedall 編『Oxford 数学史』（斎藤憲、三浦伸夫、三宅克哉監訳）共

立出版、二〇一四。

さて著者のジャクリーン・アン・ステドール（一九五〇～二〇一四）は、二年間の癌闘病生活の後六四歳で亡くなった数学史家である。イギリスのケンブリッジ大学で数学を学んだ後、オープン・ユニヴァーシティで一七世紀英国の数学者ジョン・ウォリスについて博士論文を書いた。その後大学で数学史を教え、また英国数学史学会の雑誌『BSHM』の編集にも関わった。その後短い年月の間に次々と、一六～一七世紀の英国の数学史を中心とした少なからずの書籍を公刊している。この一六～一七世紀には代数学は停滞していたと従来主張されてきたが、その考え方の再考を迫る研究内容である。その著作のうちのいくつかをあげておこう。

- *The Arithmetic of Infinitesimals: John Wallis 1656*, Springer, 2010.
- *A Discourse Concerning Algebra: English Algebra to 1685*, Oxford University Press, 2002.
- *From Cardano's Great Art to Lagrange's Reflections: Filling a Gap in the History of Algebra*, European Mathematical Society, 2011.

以上のように英国の、しかも代数学史に関する著作が多いが、次のように広範な時代の数学史原典資料集を取り上げ、英訳を付けた著作も公刊している。

・*Mathematics Emerging: A Sourcebook 1540-1900*, Oxford University Press, 2008.

本書は好評で、数学や歴史に広く関心のある読者に多くの示唆を与えてくれる。そして英語で書かれた一般向き数学史書の良書に贈られるノイマン賞を二〇一三年に受賞している。

なお原著は簡潔な文体で、前後の繋がりがわかりにくいところもあるので、適宜補って訳した。また訳者による簡単な説明を［ ］内や訳注に入れておいた。

最後に、訳稿に目を通し、ていねいな助言をしてくださった坂田基如氏に感謝申し上げます。

二〇一九年一一月一日

三浦伸夫

序

数学には少なくとも四〇〇〇年もの歴史があり、あらゆる文明と文化に浸透している。本書のような短い「非常に短い案内」シリーズにおいても、数学上の主要な出来事や発見をおおよその年代順にいくつか概説することは可能であろう。大半の読者がまさにこのことを期待しているだろう。けれども、その提示の仕方に関しては問題がいくつかある。

第一は、ホイッグ史観[*1]に立って数学史を描いてしまいかねないことである。つまり、数学が今日の素晴らしい偉業に向けて前向きに発展してきたと一般的に捉えられてしまうことである。発展の痕跡を探す人々は、数学を含む人間の取組みには避けられない錯綜、些細な誤り、行き詰まりがあることを不幸にして見のがしてしまうことになる。しかし失敗はときとして成功を導くこともあるのだ。また、今日の数学を基準にして過去の数学を判断すれば、過去の仕事を優れていたとみなしつつも、

＊1　現体制である勝利者の立場から歴史を見る史観。

最終的には時代遅れな取り組みにしかすぎないと短絡的にみなしてしまうようになる。あれこれの事実や定理がいかに生まれたかを知るには、今日の数学を基準にするのではなく、過去そのものの時間と場所の文脈の中で発見を眺める必要があるのだ。

第二の問題点は、後で詳しく述べるつもりだが、年代順に説明すると「飛び石」的記述になってしまいがちなことである。つまりそこでは、個々の発見が相互に必然的関係があるにもかかわらず、独立して一つずつ目前に置かれてしまうのである。歴史家の目的は、出来事の詳細な目録をつくることではなく、それらを導く影響関係と相互作用に光を投げかけることである。このことは本書で繰り返されるテーマである。

第三の問題点は、主要な出来事や発見が主要な人々と結びつけられてしまうことである。そのうえ大半の数学史では、これらの人々の大多数はおおよそ一六世紀以降の西洋世界に住み、しかも男性であると記述されてきた。このことは必ずしも著者が西洋中心主義や性差別主義に立っているからというわけではない。ルネサンス以降西洋の男性文化の中で数学は急速に展開し、歴史家が研究の価値があると正しく捉えてきた大量の研究資料が生み出されてきた。ただしこの時期の西洋の資料がふんだんにあるのに対して、中世以前の西洋、中国、インド、アメリカの資料は、相対的に見ればほんの一握りであるにすぎない。幸いにして、これらの資料が入手でき利用可能になりつつある。しかしながら、歴史上の大発見に焦点を定めてしまうことで、女性、子供、会計士、教師、技術者、工場労働者など、全大陸、全世紀にわたる人類の大部分の数学的知識を無視してしまうことがあってはならないであろう。次の二点を両立する歴史記述の方法があるに違いない。すなわちある著名な大発見（本書はそれらの一つから始めるのであるが）の価値を否定せず、しかも、少数の数学者ではなく多くの人々の言葉をもとに考えていく方法があるはずである。

本書は、従来の数学史に多く見られてきた男性的偏見をほんの少し取り除くにすぎない。通常の歴史では無視される西洋以外の場所や人々にも関心を払う。そして、数学がいかに、どこで、なぜ研究されたのかの探索を試みよう。だがそうするには、通常の年代順の羅列とは異なる何かが必要である。

そこで私は、時代よりもむしろテーマを中心にする方法を採用する。各章は二、三の事例研究に焦点を当てるが、それらは包括的あるいは網羅的だからという理由で選ばれたものではなく、アイデアや問題や新鮮な思考法を提起してくれると期待して選ばれたものである。同時に、先に宣言した目的を達成するため、いつどこの数学であろうと取り上げる。そして複数の事例の間の相違点や類似点を指摘する。このことによって、読者は非常に長い数学の歴史のなかで、少なくとも少しは事例間の相互関係を理解することができるようになるのではと期待する。私の目的は、数学史の専門家が自分の専門分野の歴史にどのように取り組んでいるかを示すだけではない。一般の人にも数学史について考えを巡らせることができるのを示すことでもある。

このように、本書によって、人類が歴史を通して行ってきた数学的活動の豊かさ、多様性を読者が認識することができるようになるであろう。本書が過去の数学についてだけではなく、今日の学問分野としての数学史そのものへの「非常に短い案内」となることを私は期待する。

目　次

謝辞

数学史という、とても大きなテーマへの「非常に短い案内」(a very short introduction) を執筆するのは困難なことであった。このシリーズの他の著者は、想像力あふれる刺激的な方法で私と同様の困難に対処していた。この点で、私は彼らから多くの刺激を受けた。

この数年間私は『オックスフォード数学史』[*2]と英国数学史学会の機関誌『BSHM』の二つを編集するという恩恵を得ていた。このことで私は、多種多様な視点から数学史を書いている八〇人以上の著者と仕事上で密接な関係を持つことになり、彼らから多くのことを学ぶことができた。その仕事の大半は、良き友であり同僚のエレノア・ロブソンと一緒におこなわれ、本書で私が伝えようとした概念を明確にするのを彼女は多くの時間をかけて議論し助けてくれ、その友情にはたいへん感謝している。とくにマルクス・アスパー、ソーニャ・ブレンチェス、クリストファー・カレン、マリット・ハートヴーイト、アネット・イムハウゼン、キム・プロフカー、エレノア・ロブソン、コリンナ・ロッシ、サイモン・シン、ポリー・サナイラキ、ベンジャミン・ウォードホフの研究と助言とを利用させていただいた。これらの著者や他の作家の書籍と論文とは末尾の参考文献を見ていただきたい。

第4章で議論した子供たちの練習帳のジョン・ハーシーのコレクションは数学協会の所有物で、レスター大学ディヴィッド・ウィルソン図書館に収蔵されている。協会の古文書専門職員メアリー・ウォームズリーとマイク・プライスには、寛大な対応と本書の当該箇所での協力に感謝します。またアン・エトリックが書いたノートのジョン・オーブリーによるコピーを見せてくださった、オックスフォード大学ウースター・カレッジのジョアンナ・パーカーにも感謝します。第1、2、4、5章それぞれに間違いがないか検討の労の取ってくださったのは、アンドリュー・ワイルズ、クリストファー・カレン、エレノア・ロブソン、アダム・シルバーシュタインの各位です。彼ら彼女らと、ピーター・ニューマン、ハーヴェイ・レーダーマン、ジェッセ・ウォルフソンをはじめ、原稿の様々な点で適切にコメントをくださった他の方、つまりオックスフォード大学出版部の匿名の査読者すべて、そして私の肉親皆に心からの感謝を述べます。彼らのなかには、今まで数学史についての書物を読むことなど考えてもいなかった人もいます。

＊2　和訳がある。Eleanor Robson, Jacqueline Stedall 編『Oxford 数学史』（斎藤憲、三浦伸夫、三宅克哉監訳）共立出版、二〇一四。

第1章　数学：神話と歴史

過去の数学の難問がニュースになることはめったにない。だが一九九三年、イギリス、フランス、アメリカの新聞各紙は、アンドリュー・ワイルズという四〇歳の数学者が、ケンブリッジ大学アイザック・ニュートン研究所での講義で、フェルマの最終定理として知られる三五〇年前の問題を証明したことを伝えた。のちにわかるように、その主張は少し先を急いだものであった。ワイルズの二〇〇頁の論文は誤りを含み、確証するのに少し時間がかかり、証明は二年後に確定した。ワイルズによる九年にわたるこの定理との格闘は、書物やテレビの話題となり、そこでワイルズが自分の最終的大発見について語るにつれ、人々の涙を誘った。

数学史のこの一コマは大衆の想像力をおおいに掻き立てたが、その理由の一つは、ワイルズ自身の人物像であることには間違いない。ケンブリッジの講義までの七年間、彼はその定理に内在する深淵で複雑な数学にただひたすら専心し、ほとんど孤立して仕事をしていた。この事例は、西洋文化の中で育った者が馴染んだ神話そのものである。途方もないことに奮闘する孤独な英雄が、到達困難な目標にたどり着いたという話である。その背景には英雄につきものの王女までもがいた。ワイルズの妻だけが彼の最終目標を知っており、誕生日のプレゼントとして最初に最終結果を受け取ることになったのである。

二番目の理由は、フェルマの最終定理の決定的証明は、おそらく世界中でわずか二〇人にしか完全には理解できないにもかかわらず、定理自体は簡単に述べられているということである。実際ワイルズは、一〇歳のときにすでにそれに興味をそそられていた。学んだ数学の大半を長年忘れ去ってしまった人々でさえ、その定理がどういうものか理解することができる。定理の中身についてはすぐ後で戻ることにしよう。

しかしその前に、本章の最初の節ですでに三人の名前に言及されていることに注意していただきたい。ワイルズ、ニュートン、フェルマである。このことは数学に特有なことで、そこでは定理、予想、解釈の名称を、仲間内の一人の名前から採用することが一般的に行われている。大部分の数学者は、先行者や同僚の仕事を引き継いで自己の数学を作り上げるということを敏感に知っているからである。要するに、数学は生まれながらにして歴史的な学問であり、そこでは過去の試みが忘れ去られることは稀なのである。数学史家が問う問題を考え始めるために、フェルマの最終定理を、一九九三年のケンブリッジの講義から遥かに前の、古いスタート地点にまで遡って探求することにしよう。

フェルマとフェルマの最終定理

ピエール・ド・フェルマは一六〇一年に生まれ、[*3] 全生涯を南フランスで過ごした。法律家の訓練を受け、広範な周辺領域の司法機関であるトゥールーズの高等法院の参事官であった。フェルマはごくわずかな余暇に数学に取り組んだが、パリの知的活動サークルからはあまりにも離れていたので、まったく一人で研究をしていたと言ってもよい。一六三〇年代に彼はパリのミニム会修道士マラン・メルセンヌを通じて遠く離れた数学者たちと文通していたが、一六四〇年代には身の上に政治的困難が降りかかり、数学では再び孤立状況に陥った。フェルマは一七世紀初期の数学の最も深遠な結果のいくつかを成し遂げた。しかしたいていはそれら結果について少ししか述べず、「詳しく知りたいという周囲の人々の」気をもませてもよいと思っていた。時間が十分取れたら詳細を知らせると彼は幾度となく文通相手に約束したが、時間が取れることはなかった。しばしば彼は、発見したことを最小限報告した。あるいは取組中の証明に関するアイデアを送ることもあった。しかしようやく手に入れた結果を漏らすことはなかった。

彼の最終定理の最初のヒントは、フェルマが一六五七年にイングランドの数学者ジョン・ウォリスとウィリアム・ブラウンカーに送った手紙の中に現れた。しかし彼らはフェルマが述べようとした事柄を理解できず、また威厳に関わるとしてそれを無視した。フェルマが亡くなり、ノートや論文を息子のサミュエルが編集したとき初めて、フェルマが所有していたディオファントス『算術』の欄外に

＊3　フェルマの生年は一六〇七年であると近年では主張されているが、ここでは原文に従う。

なぐり書きされたその定理の完全な記述が現れたのである。時間をさらにさかのぼってフェルマに刺激を与えたディオファントスの中に何が書かれているのかを見る前に、本筋を離れて、フェルマの最終定理そのものの数学を簡単に見ておこう。

ほとんど誰もが思い出す学生時代のちょっとした数学に、直角三角形の最長辺つまり斜辺上の正方形は、二つの短い辺つまり「脚」上の正方形の和に等しいというピュタゴラスの定理がある。大半の人々は、二つの短い辺がそれぞれ長さ3と4であれば、$3^2 + 4^2 = 5^2$ であるから、長い辺は5となるということもおそらく覚えているであろう。この三角形は辺の長さが3対4対5の三角形として知られている。一本の縄で地面に直角を描くときに用いられたり、計算機なしに解ける問題を作成する教科書執筆者が用いたりするのに便利かもしれない。同じ関係を満たす三つ組の数が他にもたくさんある。たとえば $5^2 + 12^2 = 13^2$, $8^2 + 15^2 = 17^2$ が正しいかどうかを調べるのは簡単だ。こうした組はしばしば(3, 4, 5), (5, 12, 13) 等々と書かれ、「ピュタゴラスの三つ組」として知られ、無限にある。

では、数学者がいつもするように、条件を少し変えて何が起こるか調べてみることを想像してみよう。数の平方について考えるかわりに、立方をとったらどうであろうか？ $a^3 + b^3 = c^3$ を満たす三つ組 (a, b, c) を見出すことはできるであろうか？ あるいはさらに大胆に、$a^7 + b^7 = c^7$ や $a^{101} + b^{101} = c^{101}$ まで満たす三つ組を見出すことはできるであろうか？ フェルマがたどり着いた結論は、それを試みても無駄だということであった。平方を超えてはいかなる次数でも無理なのだ。しかしながら、今回もフェルマは証明を明らかにしなかった。今度の彼の言い訳は時間ではなく場所であった。つまり彼が述べるところによると、彼は素晴らしい証明を発見したけれど、余白があまりに小さくそれを書く場所がなかったというのだ。

当該の余白は、クロード・ガスパル・バシェによるディオファントス『算術』一六二一年版の八五頁にある。この『算術』は、ギリシャ語で書かれたその写本が一四六二年にヴェネツィアで発見されてから、ヨーロッパの数学者たちの好奇心を掻き立てた。ディオファントス自身について言えば、当時は誰も何も知らなかったが、今日では少しはわかっている。写本では「アレクサンドリアのディオファントス」と言及されている。このことからディオファントスはエジプト北部のギリシャ語が話されている都市アレクサンドリアで、人生の絶頂期に仕事をしたと想像することができる。彼がエジプト生まれなのか、あるいは地中海世界の他の地域からやってきた人物なのかはわからない。推定できる在命期間は当て推量にすぎない。ディオファントスはヒュプシクレス（紀元前一五〇年頃）の定義を引用し、テオン（三五〇年頃）はディオファントスの結果を引用している。このことから、彼の活動年代を五〇〇年以内の誤差ではっきり述べることができるが、それ以上のことはわからない。

伝えられる他のギリシャの数学者の幾何学テクストと比べると、『算術』はきわめて特異である。その主題は幾何学ではなく、日常的に用いる計算でもない。正確に言えば、ある条件を満たす自然数や分数を求める一連の精巧な問題なのだ。たとえば第二巻問題八は、「ある平方数を二つの平方数に分けよ」と読者に問いかける。目下の目的のため、表現を現代式に改め、ディオファントスの問題がピュタゴラスの三つ組に関係していることを見ることにする。そこでは与えられた平方数（上記の記号法ではc^2）は二つの小さな平方数（a^2+b^2）に分けられる。ディオファントスは、［三つの中の］最大の平方数が16のとき（その場合には解は分数を含む）の問題を解く見事な方法を示し[*4]、その後他の問題に進んでいく。

しかしフェルマはこの地点で立ち止まり、この方法は拡張できるのかどうか考えた。つまり「立方数を二つの立方数に分割できるのか」どうか？　これがまさしく一六五七年彼がウォリスとブラウンカーとに提示した問題なのだ（そしてその問題に対し、フェルマは後にそれが不可能であると報告したので、ウォリスはそのような「否定的な」質問は馬鹿げていると苛立って報告した）。フェルマが欄外で示唆したのは、実際は立方数だけではなく、任意の次数への適用不可能ということであり、ディオファントスが要求したことから遥かに進んでいた。

これまで何度も登場したもう一人の名前を取り上げ、ディオファントスからピュタゴラスへと歴史をさらに昔に遡及してみよう。ピュタゴラスは前五〇〇頃、ギリシャのサモス島で暮らしていたと考えられている。かなり昔の人物にもかかわらず、ピュタゴラスの名前は現代でもよく知られている。多くの読者はおそらくディオファントスよりもピュタゴラスのほうにより親しみを感ずるであろう。実際、数学史家としての私に尋ねられる最も一般的な質問は、「結局はピュタゴラスにまで遡るのですか？」である。ピュタゴラスの定理は極めて長期にわたり知られていたことは真実であるが、残念ながら、それをピュタゴラスに結びつける証拠はほとんどないのである。ディオファントスが実体のよくわからない影のような人物だとしたら、ピュタゴラスは神話と伝説で一面が覆われ埋葬された人物である。彼やすぐ後の追従者たちが書いたテクストはどれも現存しない。彼の生涯についての現存最古の説明は、死後約八〇〇年たった紀元後三〇〇年に由来するが、それは自身の哲学的構想を持った物書きによって書かれたものなのだ。ピュタゴラスがバビロニアや、幾何学を学んだと言われているエジプトに旅行したという言い伝えは、おそらくピュタゴラスの名声や権威を強化するために後の物書きたちが創作した作り話にすぎない。彼の追従者たちが行い信じたことがらの話に関しては、実際多少は根拠があるのかもしれないが、それらのどれもが史実ではない。要するに、ピュタゴラスは文献上の伝説的な人物であり、彼に多くの功績が結び付けられてきたけれども、ピュタゴラスについては実際にはほとんど何も分かっていないのだ。

ピュタゴラス、ディオファントス、フェルマ、ワイルズの四人の生きた時代は、数学史上で二〇〇〇年以上の隔たりがある。彼らが生きた時代が何世紀も離れているにもかかわらず、彼らの逸話を通じて、時代を越えた似たような数学的アイデアの広がりを確実にたどることができる。では我々はフェルマの最終定理の歴史を初めから終わりまで「たどることができた」であろうか？　答えは否であり、それには多くの理由がある。最初の理由は、歴史家の務めの一つは、事実から虚構を、そして歴史から神話を解きほぐすことである。このことは虚構や神話の価値を過小評価することではない。そうではなく、虚構や神話は、社会に生きる人々にとってよりどころになっており、これからもその役割を果たしていくのである。しかしながら歴史家は、逸話が証拠を曖昧にしてしまい、誤った解釈

＊4　$(16/5)^2+(12/5)^2=4^2$

に導いてしまうことを許してはならない。ピュタゴラスの場合、長い間伝わってきた話が、極細の織り糸から、何故、どのようにして誕生したのかは比較的容易にわかる。しかしアンドリュー・ワイルズの場合、現実は我々の眼前にあると信じられるにもかかわらず、それはより困難なのである。大半の逸話の真実は、当初想像していたよりも、あるいは著者たちがしばしば我々に信じさせようとするものよりも、大抵の場合はより複雑である。数学や数学者の逸話も例外ではない。本章の残りは数学史上共通に現れる虚構と神話をいくつか考察する。ただし便宜上、私はそれらを「象牙の塔の歴史」「飛び石の歴史」「エリートの歴史」と呼ぶことにする。そして本書の残りでは他のアプローチをいくつか示そう。

象牙の塔の歴史

ワイルズの話について最も顕著な特徴の一つは、彼が七年間も意図的に世間から遠ざかり、中断や干渉もなく最終定理の証明に打ち込むことができたという事実である。フェルマもまた一人ぼっちであり、仕事を理解し評価してくれるかもしれない人々からはとにかく地理的に離れていた。我々はディオファントスとピュタゴラスについても、彼らの同時代人に言及することなく述べてきた。以上の四人は、実のところ一人で新しい道を切り開いた孤独の天才であったのであろうか？　孤独は数学研究にふさわしい、あるいは最良の方法なのであろうか？　ここでピュタゴラスに戻り、今度は時代を前に進めよう。

ピュタゴラスについての話は、彼が、ある宗教的思想的信念そしておそらく数学探求も共有した共同体あるいは友愛団体を設立し、彼の周りを惹きつけたことをしきりに主張している。残念ながら、この友愛団体についてもほとんど分かっていない。逸話によると、この団体は厳密に秘密を守らねばならないとされたためである。このことは、当然彼らの活動について果てしない推測の余地を残すことになった。しかしながらそういった話に一粒の真理があったとしても、ピュタゴラスには十分カリスマ性があり、追従者たちを引きつけたように思われる。実際彼の名前がともかく生き延びたという事実は、彼が生前から尊敬崇拝され、周囲から孤立した世捨て人ではなかったことを示唆している。

ディオファントスはもう少し手際よく位置づけることができる。彼はアレクサンドリアで他の学者たちと交流することができていたかもしれないのだ。彼もまた、神殿や個人の蔵書で、他の地中海世界の地域から集められた図書に近づけたことはほぼ確実であろう。『算術』に含まれる問題を彼自身が作成したことはあり得るが、書いたものにせよ口頭にせよ、他の様々な資料から集めて一つの作品に編集したことも、同様にありうるであろう。この書物に繰り返し見える主題の一つは、数学は話し言葉によって人から人へと繰り返し伝えられてきたということであろう。他の創造的な数学者と同様ディオファントスは、問題と解法について師や弟子と議論していたことはほぼ間違いない。ゆえに彼は、孤独に書物を書き誰とも話したことのない人物などではなく、学問と知的交流を価値があると見なした、都市における一市民とみなすべきなのである。

トゥールーズに閉じこもり、すべての時間を政治に専念しなければならないという厳しさを味わったフェルマでさえ、当初思われたほど完全に孤立していたというわけではない。ボルドーで研究していたときの初期の友人の一人はエチエンヌ・デスパーニェで、彼の父親は、フランスの法律家で数学者でもあるフランソワ・ヴィエトの友人であった。ヴィエトの著作は本来ならば入手が難しいものであるが、かくしてフェルマの手に入り、フェルマが数学者として成長するのに深大な影響を与えることになった。トゥールーズの参事会員の同僚であったもう一人の友人ピエール・ド・カルカヴィは、一六三六年パリに移転したとき、フェルマについての情報と彼の発見のニュースを携えてきた。カルカヴィを通じてフェルマはマラン・メルセンヌと知り合いになり、メルセンヌを通じてフェルマは、当時おそらくパリ最高の数学者であったロベルヴァルと、またオランダのデカルトと文通した。後にフェルマは、ディオファントスの研究から生まれた発見のいくつかを、ルーアンのブレーズ・パスカルとオックスフォードのジョン・ウォリスに書き送った。こうして学問の重要な中心地から遠く離れていたフェルマでさえ、ヨーロッパ中に広まっていた文通網で、のちに「文芸共和国[*5]」と呼ばれるようになる学者の仮想的共同体に組み入れられていたのである。

ワイルズの話に戻ると、「孤独の天才」という話に難を見つけることはとても簡単である。というのも、ワイルズはオックスフォードとケンブリッジで教育を受け、その後ハーヴァード、ボン、プリンストン、パリで仕事をし、そのすべてにおいて興隆していた数学共同体の一員であったからである。最終定理に実際に彼の関心を向けた数学上の鍵となるものは、プリンストンで同僚の数学者と気楽な会話をしていたときに得られた。五年後に新たな突破口が必要となったとき、彼はその問題について最新の考え方を引き出すために国際会議に出席した。証明に重要となる専門知識を必要としたとき、彼はその秘密を友人であるニック・カッツに漏らし、大学院の講義で当該の資料を配布した。ただしカッツを除き聴衆者は皆関心をもたなかった。彼はイングランドのケンブリッジで行われた三つの講義で証明全体を公表する二週間前に、友人のベリー・マジュールにそれをチェックするように頼み、最後の証明は他の六人がチェックしたが、そこに欠陥が発見されたため、ワイルズは彼の元学生リチャード・テイラーにそれを明確にするのを助けてくれるように頼んだ。さらに証明を研究している間中もワイルズは学生を指導し、学部のセミナーに出席することを決してやめなかった。要するに、彼は多くの時間一人でいたけれども、一人でいることを許してくれる共同体にもとどまり、それは必要なときには助けとなったのである。

ワイルズの孤独の年月が想像力を刺激するのは、それが研究中の数学者に普段見られるからというのではなく、それは例外であったからである。数学はどの段階でも根本的に、また必然的に社会的活動なのである。世界中の大学の数学科には、奥まった小部屋や談話室にテーブルが備え付けられた共同の場所がいつもあり、数学者たちは、お茶やコーヒーで喉を潤わせながら顔をつき合わせることができる。言語や歴史を専攻する学生は共同でエッセイを書くことなどは稀で、またそうするように勧められることもないであろう。しかし数学科の学生は、互いに頻繁に教え合ったり学んだりして効果的に共同作業をするのである。現代では技術が発展しているにもかかわらず、数学は書物から学ぶと

＊5　近世西欧の知識人による、宗教、民族、国家を越えた知的交流の場の総称。

いうよりも、むしろ講義やセミナーやクラスを通じて他人から学ぶものなのである。

飛び石の歴史

上でフェルマの最終定理の話を概説した。その中で登場したピュタゴラス、ディオファントス、フェルマ、ワイルズは自らの生活では孤独であったばかりではなく、川を横切る飛び石のように、互いに離れていたように見える。「象牙の塔の歴史」方式で記述された歴史は、数学者を社会集団や共同体から孤立した存在として扱う。他方で「飛び石の歴史」方式で記述した歴史は、数学者を過去から孤立した存在として描く。過去は歴史の主題であると考えられる。にもかかわらず、歴史の大きな塊をこのように無視するとは奇妙に見える。しかし驚くほど多くの数学史概説は、「飛び石の歴史」方式で記述されているのである。

では話題となっている逸話とその中にある時間的ギャップを少し詳しく再検討してみよう。ピュタゴラスとディオファントスがいくらかぼんやりした影のような人物であるように、彼らの間に横たわる空間も同じである。ディオファントスがピュタゴラスのことを知らなかったことはありうる。実際彼は、ピュタゴラスの定理をピュタゴラスの書いたもので知ったのではない。前二五〇年頃に活躍したエウクレイデスの作品のなかで出会ったのである。このきわめておおざっぱな年代を除いては、エウクレイデスのことは数百年後のディオファントス以上に知られていない。彼の主著『原論』は最も長く生き永らえた教科書で、二〇世紀になっても学校で幾何学を教えるのに用いられている。定理は慎重に論理的に順に並べられ、『原論』はエウクレイデスの時代の幾何学の総合的編集物である。第一巻の最後から二番目の定理は「ピュタゴラスの定理」であり、幾何学的作図によって慎重に証明されている。アレクサンドリアのディオファントスは当然『原論』を手にすることができただろう。「ピュタゴラスの定理」がきっかけで、ピュタゴラスの三つ組について考えを巡らすことができたということもありうる。しかしながら、この発想は、もはや我々には知られていない他の資料に由来するのかもしれない。

ディオファントスとフェルマの間の最初の数百年は、ディオファントス以前の年月以上にうめることが難しい。それは構想力についても同じである。ディオファントス『算術』は本来一三巻で書かれたことが知られ、最初の六巻のみがギリシャ語で残されている。しかしその経緯や理由ははっきりしない。（一九八六年には、四巻から七巻までと主張されるアラビア語訳写本がイランで発見されたが、そのテクストがどれほど正確にオリジナルな内容を示しているかに関して学者間での同意はない）。幸運にしてこれら六巻は、ビザンツのギリシャ語圏（後のコンスタンティノポリスで、現在のイスタンブール）で保存され、やがて西洋にもたらされた。第6章でさらに議論するように、レギオモンタヌスの名で知られているドイツの学者が一四六二年ヴェネツィアでその写本を一つ発見し、そこにはヨーロッパ人に代数学として知られた奇妙な主題の源が含まれていると考えた。一世紀後イタリアの技術者で代数学者のラファエル・ボンベリは、ヴァチカンにある『算術』の写本を研究し、彼自身の［今まで書いていた］代数学書執筆を中断し、そこに新たにディオファントスの問題を組み入れた。

最初の刊行本は、人文主義者ヴィルヘルム・ホルツマン（クシュランダー）がラテン語に翻訳編集し、一五七五年バーゼルで出版された。彼はその作品を「算術の真の完成を含む比類なき作品」と記述した。ディオファントスの問題はそれに出くわした人々に刺激を与え、一六二一年にはパリのクロード・ガスパル・バシェ・ド・メジリアクが『算術』の新しいラテン語版を作成した。フェルマが所持して、「余白が足りない」と、最終定理の」注釈を加えたのがこの版であった。

フェルマとワイルズとの間隙を埋めることはさほど困難ではない。一六七〇年サミュエル・フェルマが公刊した最終定理は、一七世紀には真剣には捉えられなかったが、一八世紀には当時最も多芸多作の数学者レオンハルト・オイラーの関心を引くようになった。彼はその定理のより簡単な場合に食い込んだのである。一八一六年パリの王立科学アカデミーは解法に賞を出した。これにソフィー・ジェルマンは奮闘し、その一部の解法に成功を収め、その仕事は他の人々に取り上げられ拡張された。さらにその問題は次第に広く知られるようになり、年とともに専門家とアマチュアとから、数千ではないにしても数百の解法と言われるものを引き出した。これらの試みの大半は正しくはなく、しかも役には立たなかったが、そのうち二、三は重要な数学的発見を導き、それをワイルズは聞き知っていたのであろう。彼が証明に実際に取り掛かったとき、そのときまでに、フェルマの最終定理に関係があるとして知られていた二〇世紀における最も重大な理論のいくつかを用いた。それらは、一九五〇年代に二人の日本人数学者によってなされた谷山＝志村予想と、一九八〇年代にヴィクター・コリヴァギン（ロシア人）とマティアス・フラッハ（ドイツ人）が展開したコリヴァギン＝フラッハ法とである。数学者たちは先行者の名前を歴史記録に書き留める傾向があることにここでも注意せよ。定理の背後にある、複雑な網目状の歴史の相互関係にも注意せよ。

一般的に言って、遡れば遡るほど飛び石の間の地盤を跡づけることは難しくなる。それはとりわけ多くの証拠がずっと前に流れ去ってしまっているからである。しかし飛び石の間を跡づける努力なくして歴史はない。いまだに一般的な数学史の読み物は、多くの逸話に基づいているのである。

エリートの歴史

エウクレイデスとディオファントスの生涯についてはほとんど知られていないが、確かだと言えるほんのわずかな事柄がある。それは二人とも十分に教育を受け、東地中海の知的言語であるギリシャ語で不自由なく書くことができたこと、二人とも古い数学作品を利用したこと、二人とも当時の最前線の数学をいくらか理解し、整理拡張することができたこと、二人が書いた数学は実用的な価値はなく純粋に知的探求にかかわるものであったことである。そのような数学に従事した人の数は、アレクサンドリアのような都市でさえ決して多くはなかった。実際、どの時代においてもギリシャ語圏全体で一掴みほどの人しかいないと見積もられていた。要するに、エウクレイデスもディオファントスも、二人とも小さなエリート数学集団に属していたのである。

少し考えれば、数学者によって書かれている数学内容はもちろん、「日常的な数学を見ることで」数学がどれほど進んでいるかがわかる。他の社会と同様ギリシャ社会には、店主、清掃係、農夫、建造者など、測量や計算を日常行う人々が多くいる。彼らはたいてい実例を用いて口頭で学び教えただろうから、彼らの方法は今日ではほとんどわからない。しかも彼らは学派も組合も形成することはなかった。ただしハルペドナプタイ[*6]という縄張り師のグループが知られていたが、まさにその性質から彼らの数学はほとんど跡形を残さなかった。トークン［計算に使われるメダル］、木材や石や砂に走り書きされた印は、使われなくなるとすぐに処分され、もちろん図書館に保管されることはなかった。いずれにせよこれらの活動は、社会的に比較的低い階層の人々によって行われたのであり、それらに対して学問の世界の知識人たちの関心は少なく、あるいはなかったのである。

数学史家は「ギリシャ数学」について話すとき、エウクレイデス、アルキメデス、ディオファントスなどから伝えられた精巧なテクストについて欠かさず言及する。しかしホイ・ポロイ[*7]の屋外の日常数学に言及することはない。近年この考え方が変化し始めた。歴史家は、エリートによるギリシャ数学は、東地中海の実用的日常数学に起源を持つこと認め始めたのである。そして後代の著作家がこれら実用的根源から距離をおくことによって、より形式的で「無用な」種類の数学を発展させたというのである。

他にも「ギリシャ数学」という包括的な言い回しには気をつけなければならないことがある。ディオファントスはエジプトのアレクサンドリアに住んでいたし、アルキメデスはシチリア島のシラクサに住んでいたし、もう一人の偉大なる「ギリシャ」数学者であるアポロニオスは今日のトルコにあるペルガに住んでいた。要するに、皆ギリシャ語で書いたが、その誰もが今日我々がギリシャと認める地域の出身ではないのである。それどころか、ディオファントスはアフリカで生まれ育ったこともありうるのである。にもかかわらず、「ギリシャ数学」はルネサンス期のヨーロッパ人に高く崇拝され、本質的に「ヨーロッパ的」と考えられるようになった。アレクサンドリアをヨーロッパに組み入れるという発想が馬鹿げているということは、大陸の反対側の端に位置するということでスペインをヨーロッパから除いてしまうのと同様であることを考えれば、なおいっそう明らかである。スペインは八世紀初期にイスラームの統治下に入り、したがってイスラーム世界の豊かな文化と学問を享受した。アラビア数字は一三世紀はじめにフィボナッチがイタリアのピサで紹介してヨーロッパに導入した。しかしながら、それ以前二世紀も前にスペインで使用されていたことなど問題にならないように、スペインはヨーロッパの一部ではなかったかのようにしばしば書かれている。エリート数学を奨励する人々は、他に不都合な事実があっても、自分たちの主題に権威と尊敬を与えるものは何でも、自分たちの歴史に吸収してしまう傾向が本質的にある。

　数学が実践されるところはどこであろうと、先進的で一目置かれた実践家を少し見つけられそうであるが、彼らの名前は決して歴史書に現れることはない。フェルマの時代にこの状況を再検討しても、ほとんど変わらないことがわかる。彼の生前のフランスはエリート数学の活動が例外的に豊かであった。フェルマにも負けない三、四人はパリにいただろう。大まかに見積もると、おそらくオランダと

＊6　ἁρπεδονάπται：ギリシャ語で「縄張り師」を意味し、測量士を指す。
＊7　οἱ πολλοί：ギリシャ語で「多く」を意味し、さらに「人々」や「大衆」を指す。

イタリアを合わせると同じだけの数がいたが、イングランドでは多くて一人か二人で、それ以上ではなかった。しかし社会階層がより下の人々の数学的活動は、思っていた以上に広がっていったのである。デジタル資料の最近の電子的研究によれば、一六、一七世紀にイングランドで出版された書籍の四分の一までが、何らかのかたちで数学に言及しているのである。さらに数学の基本知識を必要とする商人や職人用の書物が一様に増大していた。

本章を終える前に、それらの一つについて少し詳しく見ておこう。どっちみち数学史研究には原典を探求する以上に良い方法はないのである。ロバート・レコードの『知識への小径』は、フェルマが生まれる約五〇年前の一五五一年にイングランドで出版された。レコードは生涯の大半を開業医として働いていた。一五四九年彼はブリストル造幣局の監査役に、二年後アイルランドの銀山の検査官に任命された。不幸にしてこの時期彼には多くの政敵がいて、ついにロンドンの高等法院の監獄に収監され、そこで一五五八年四八歳で亡くなった。しかしながら数学書の大半を出版したのはこの収監された時期でもあり、今日それら数学書によってレコードの名前は知られているのである。レコードはオックスフォードとケンブリッジで教育を受け、ラテン語とギリシャ語に不自由はなかったが、英語で数学書を出すという大胆な選択をした。とくに彼は、エリート数学の極みの一つエウクレイデスの数学を一般人が手に入るようにしようとしたが、それは容易なことではなかった。その理由の一つは、大半のイングランドの労働者は測鉛線や定規を十分うまく扱えるが、「幾何学」と呼ばれる形式的学問は聞いたこともなかったからである[*8]。もう一つの理由は、「平行四辺形」や「扇形」のような専門用語が英語にはまったくなかったからである。レコードは想像力と理解力を発揮して双方の問題に取り組んだ。

彼は、幾何学が「たいそう必要な」人々の階級を、社会的に下層階級から上に向かって長編の序文で取り上げている。底辺にあるのは田を耕す「無学な人々」であった。レコードが論ずるに、これらの人々でさえ幾何学を直感的に把握しており、そうでなければ、溝は崩れ、干し草の山は倒れてしまうであろう。下層階級から上層の商人に向って、レコードは幾何学が必要な人々の長いリストを詩で与えている。店主、船員、大工、彫刻師、建具屋、石工、塗装師、仕立屋、靴職人、織工などで、最後に言う。

> これほど素晴らしい機知に富んだ技芸はなく
> 人にこれほど必要でこれほど良きもの、それは幾何学

またレコードは、医学、神学、法律の専門職には、幾何学の知識は欠かせないと考えた。ただし彼の議論は、社会階層が上昇するにつれより気取るようになり、説得力はなくなっていった。

レコードの一般人への共感は、幾何学自身に向き合うとき最も明らかになる。彼の説明には、実例と補助的図版が豊富に付けられ、平明な言語で表現され、教育方法のよきモデルであった。ごく早い

---

*8　垂直であることを検査するため、建築業者が糸の先に鉛のおもりをつけて垂らした道具。

図１　数学がまったく得意でないと自分で言うタチャナ・テッケル・ペッペの「水彩画」©Photo Jonathan Peppé

段階で彼はエウクレイデスの定規とコンパスを用いた直角の作図法を教えている。しかしこれがあまりに難しい場合には、他の方法を提案している。つまり一本の線を引き、三、四、五の点にそれぞれ印をつけ、これらの長さを用いて三角形を作れ、と。短い二辺が囲む角は直角となる。これはエウクレイデスの古典的作図法ではなく、縄張り師のための実践的方法なのである。

二一世紀の我々は、レコードよりもはるかに長い、日常生活、学校、家庭や仕事場で数学を用いる人々のリストを作ることができよう。私は母親のイレーヌの事を考える。八九歳になる彼女は銀行もコンピュータも信用していないが、きちんと罫線が引かれたノートに家計で用いた小銭を計算し記録していた。あるいは友人のタチャナのことを考える。彼女は学校では数学は得意ではなかったと繰り返し私に言うが、複雑なデザインのキルトを作っている（図1参照）。直角三角形を確かに扱うことができるのである。実際モザイク細工や比についての直感を持つ彼女は、おそらくハルペドナプタイ（縄張り師）の現代版なのである。

エリートの歴史はイレーヌやタチャナを取り上げることはない。とくに女性は、真剣に扱われるためには、少なくともソフィー・ジェルマンのレヴェルに達しなければならない。しかし数学を講義し［初等から高等まで］各段階で教える人々がいなくては、エリートが活躍する素地はできない。ワイルズ、フェルマ、ディオファントスが占めた最先端の背後には、数学史通史ではほとんど検討されることのない広大な数学的活動の後背地が広がっているのである。本書の目的の一つは、この不均衡を是正し、街中の老若男女に数学を取り戻し、新しい視点で数学史を再考することである。

第2章 数学とは何か、そして数学者とは誰なのか？

前章を読んだ人は、「数学」とはおおよそ学校で勉強した科目の名前、そして「数学者」とは大人になっても数学を勉強し続ける人々である、と感じたのではないだろうか。しかし歴史をみれば、この二つの言葉はより注意して考えなければならないことがわかる。経験からもそう言える。というのも、学校教師として百分率、円の定理、微分法についてある朝たった一度でも授業するなら、この魅力のない題材がいかにして「数学」という単一の見出しの下でまとまることができるのであろうか、と自問せずにはいられない。大半の人々は、数学は空間や数の性質に基礎を置くという、かなり一般的な説明でおそらく満足するであろう。しかし「数独」という大衆パズルをどう理解すればよいのであろうか。それは数学研究なのか、それともそうではないのか？　専門の数学者が真剣に同様な議論をしているのを私は聞いたことがある。

もとの話に戻ろう。ギリシャ語のマテーマタは、あるときは一般的な意味で「学ばれたもの」を単に意味するにすぎなかったが、またあるときはとりわけ天文学、算術、音楽に結び付けられていた。このギリシャ語は今日の英語 mathematics とその関連する西洋の言葉（mathématiques, Mathematik, matematica, 米語の math）の語源になっている。しかしながら「数学」という単語の意味は、あとで簡単に述べるように、何世紀にもわたって、意味がずれたり曲解されたりして多くの変種を生んできた。しかもこれは西洋の視点から事を見ているにすぎない。西洋文化が支配的になる千年、二千年前に遡れば、中国語、タミール語、マヤ語、アラビア語の中に、今日の「数学」に相当する言葉を見つけることができるであろうか？　もしできるなら、これらの言葉はどのような書物や活動を表すのであろうか？　この問いを完全に調査することは大半の学者たちにとって一生の仕事となるかもしれない。本書では、これまでと同じく事例研究を通じて、問いと出された解答の本質を説明することにしよう。

算の意味をたどる

紀元前二〇〇年少し前から後二〇〇年まで（晋から漢まで）、中国政府官僚が編纂した歴史書から、算の能力があったと言われる人々の名前をたぶん二〇人以上見出すことができる。名詞としての算は、木材、金属、象牙で作られた一組の短い棒を意味し、面上で巧みに操作され、計算結果の数を記録し、それはまた棒を用いる操作をも意味する。ここに数学活動の形跡があるのだが、どのような計算が行われたのか発見することができなければ、いまだによくはわからないものである。

中国の歴史書で名前のあがっている実践家の多くにとって、算は暦として知られている天文学体系や暦体系と密接に関係していたもののようである。前近代社会ではどこでも、太陽、月、惑星の位置を用いて宗教儀式や収穫のための適切な時間や日程を決めた。したがって天文データから正確な予測を立てることができる人々は、支配者や政府にとってなくてはならない人材であった。こうして初期中華帝国史において、算と暦とは繰り返し結び付けられた。また同じ歴史書は、算はより世俗的な事柄、つまり利益計算や物資の配分に関係することも示している。

一九八〇年代初期に、紀元前二〇〇年頃の新資料が発見され、当時の算の使用法に関して新たな光がもたらされた。『算数書』として知られているそのテクストは、それぞれ約三〇センチの長さの一九〇本の竹簡に刻み込まれ、それらは本来は節のある糸で両側が結ばれ、筵のように互いに丸められていた。『算数書』の末尾にある書という単語は、書くという動作や「書物」を意味することもある。真ん中の数という単語は、広く「数」と解釈される。しかしながら我々の目的に最も関係するのは、算数という組合せの意味である。『算数書』には、次のような約七〇問とその解法が書かれている。自然数と分数の掛け算、出資者の額に応じての利益分配、商品生産における無駄の許容範囲、与えられた価格からの生産コストの計算、税計算、混合物の中の内容物の量を見出すこと、原材料から生産物への変換、旅行行程にかかる時間の管理、体積や面積の計算、単位の変換。

このように『算数書』の大半の問題は日常活動と取引に基づいている。それは端的な文体で書かれ、各問題に対して、著者は「問題」、「結果」「得て曰く」、「方法」「術に曰く」を置く。次の例は第二章にある「税関問題」二問である。

狐の皮、狸の皮、犬の皮を持って関所を出るとき、税は百十一銭であった。犬の皮を持つ者が狸の皮を持つ者に、狸の皮を持つ者が狐の皮を持つ者に、「あなたの皮は私の皮の倍である。税を出すには皮と同じように倍にすべきだろう」、とそれぞれに言った。各々が出す税はいくらになるか。得て曰く。犬の皮を持つ者は十五銭七分の六出し、狸の皮を持つ者は三十一銭七分の五出し、狐の皮を持つ者は六十三銭七分の三出す。術に曰く。各々をお互いに倍にしていき、これを合わせた七を法とする。税を各々の比の数に掛けたものを実とする。実を法で割ると答えが得られる。[*9]

そしておそらくより現実的な問題は、

ある人が、その数を知らないで、米を背負って関所を出た。三つの関所があって、各関所ごとの税率は三分の一である。関所を出た後、残りの米は一斗であった。問う。最初持って行った米は

＊9　張家山漢簡『算数書』研究会編『漢簡「算数書」：中国最古の数学書』同朋舎、二〇〇六、一二一頁より一部変更して引用。犬、狸、狐の比は、1 : 2 : 4 なので、1＋2＋4＝7 から、犬の皮、狸の皮、狐の皮の税はそれぞれ $\frac{111\times1}{7}$, $\frac{111\times2}{7}$, $\frac{111\times4}{7}$, つまり $15\frac{6}{7}$, $31\frac{5}{7}$, $63\frac{3}{7}$ となる。

いくらか。得て曰く。持って行った米は三斗三升四分の三である。術に曰く。各関所ごとに税を除いた余りの部分の二を三度掛けて法とする。また米一斗を置いてこれを三倍し、また三倍し、関所の数だけこれを繰り返して実とする。*10

答えは正しいが、「方法」の記述は読んだだけではわかりにくい。実際には、口頭での説明で補足することを前提にしているようだ。問題には具体的な数に対してのみ解法が与えられている。訓練を積んだ読者は似たような問題にそれらを当てはめる事ができ、その意味では一般的解法が与えられていたと言える。しかしながらテクストからは、読者が方法の背後にある論理を理解することは期待できず、読者はただそれを適用することができるだけなのである。

似たような他の問題が後のテクスト『九章算術』に見える。これは九章に分けて算術が書かれ、英語では「九章」（*The Nine Chapters*）というタイトルで一般的に知られている。歴史書によると、このテクストは後二世紀初頭まで使用されていた。しかしながらそれより三、四世紀以前のエウクレイデス『原論』と同様、『九章算術』の著者あるいは編集者についての情報はなく、またその原典そのものも残されていない。現在に伝わる唯一の版は二六三年に劉徽（りゅうき）によるものである。二〇〇〇年に『算数書』の内容の転写が出版されるまで、『九章算術』は算についての最古の詳細なテクストであった。ゆえに『算数書』の発見は、テクストの重要な比較を可能にしただけではなく、中華帝国初期の時代の算の使用について、とても深い知識を歴史家に与えてくれるのである。

この非常に短い説明からも、算という言葉が指しているものは、単一の言葉「数学」が指しているものと一致していないことが明らかである。それに代わりそれは、暦つまり宮廷で必要とされる天文計算からより世俗的な算数に至るまでの、広範な文脈で用いられた技法や技能を示すのである。では西洋ラテン世界に移ると、「数学」という言葉と結び付けられた似たような種類の実践を見つけることができるであろうか？

「数学」の意味をたどる

一〇〇年頃ローマの作家ニコマコスは、多さと大きさに関する四つの分野である算術、音楽、幾何学、天文学について記述している。ニコマコスにとって、多さ（つまり数）の研究である算術と、大きさの研究である幾何とは最も基礎的で、音楽は多さの相互関係［つまり数比］を扱う学問で、天文学は運動する大きさを扱う。四世紀後に哲学者ボエティウスはこれらの分野をまとめて四科と呼んだ。文法、弁証法、修辞学である三科とともに、それらは中世大学のカリキュラムのなかで七つの自由学芸を構成した。ボエティウス自身は算術と音楽についての論考を書き、それらは中世を通じてずっとヨーロッパの大学で研究された。いくつかの幾何学の作品が彼に帰されてはいるが、本当にボエティウスの作品なのかどうかは定かではない。ボエティウスはピュタゴラスと同様いくらか象徴的存在となったので、後代の作品が彼の書いたものとされたのである。

＊10　張家山漢簡『算数書』研究会編『漢簡「算数書」：中国最古の数学書』同朋舎、二〇〇六、一二五頁より一部変更して引用。

算術と幾何学とは数学の核心部であることにかわりない（イレーヌとタチャナが実践したのはその活動であることを思い出してほしい）が、天文学と音楽とはそれらから離れて別の道を進んでいった。変化は一七世紀に生じた。そのとき、数学の理論と音楽の実践とは調和することがますます難しくなり、天文学は占星術と格闘し長い結びつきから解き放たれ、それ自体が一つの分野となった。

いずれにせよルネサンスの時代までには、ニコマコスによる四分割はあまりに不自然となり、富、交易、旅行の急激な成長に応えて誕生し始めた多くの新しい種類の数学活動に適応することができなくなった。ジョン・ディーは、一五七〇年エウクレイデス『原論』の最初の英訳への序文で、数学的学芸の「基本計画」を述べている（図2参照）。算術と幾何学とは主要な構成要素であることにかわりはないが、従来「どれだけ離れているか？」「どれだけ高いか深いか？」「どれだけ広いか？」という質問に答えていた幾何学は、「地理学」「年代学」「水路学」、そして「兵法算術」[*11]とかいうものを生み出すことになった。さらに算術と幾何学双方から「派生した」ものとみなされる学科、なかでも「天文学」と「音楽」を含む題目の長いリストが見える。現代の読者なら、「射影法」「宇宙誌」「占星術」「統計学」「建築学」「航海術」が何を意味するかは知っているであろうが、おそらく当時は戸惑ったであろう。それは現代の読者が「人類形態学」「気力学」「アルケマストリー」[*12]やその他のいくつかの

＊11　stratarithmetrie

＊12　それぞれ anthropographie, pneumatithmie, archemastrie：これらと兵法算術の訳語とは、次のディーの翻訳の用語を採用させていただいた。ジョン・ディー『学問への序説』（坂口勝彦訳）、池上俊一監修『原典 ルネサンス自然学』名古屋大学出版会、二〇一七、六三九－七〇四頁所収。

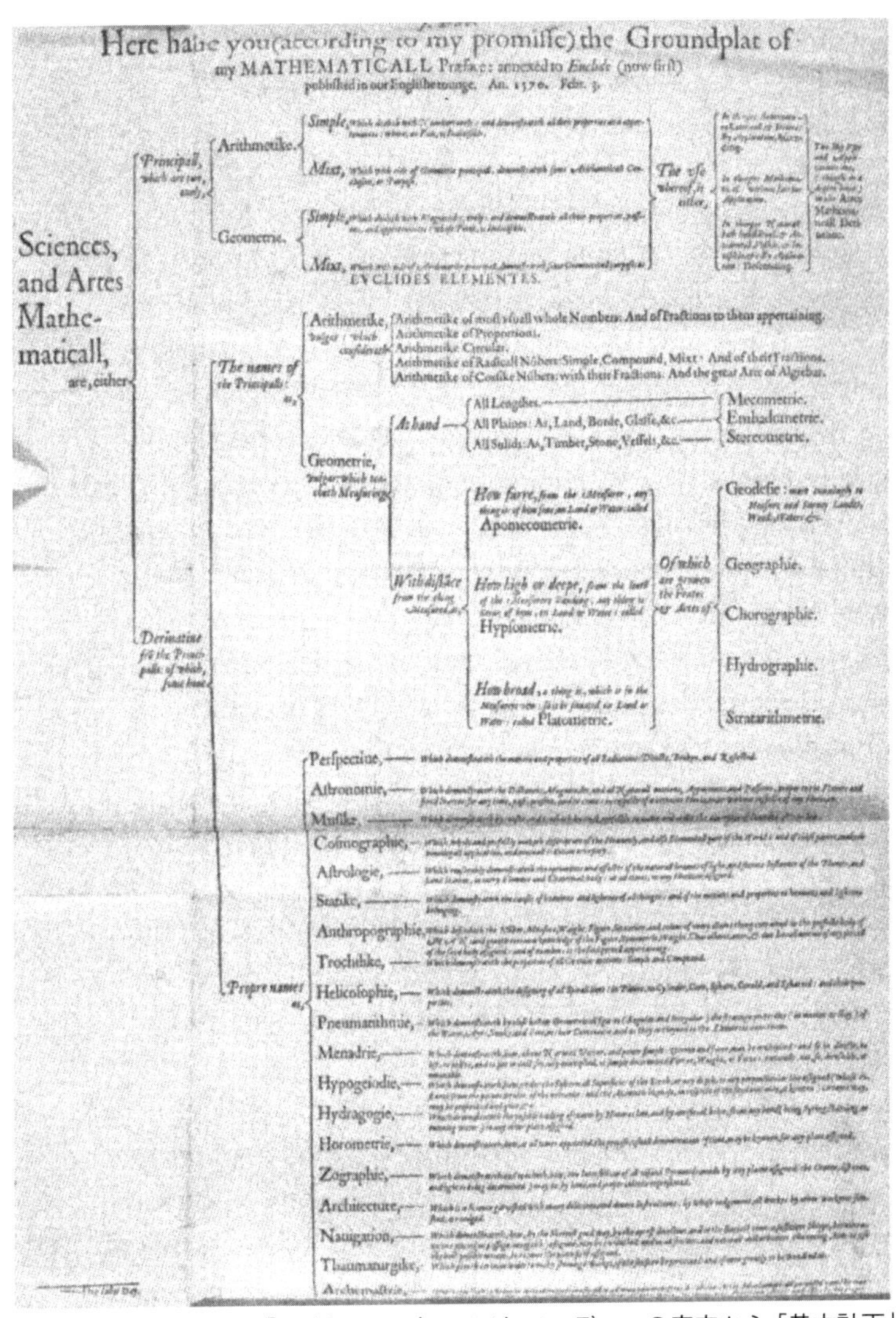

図２　エウクレイデス『原論』1570 年へのジョン・ディーの序文から「基本計画」

珍しい学問分野で戸惑うようなものである。ディーの体系化は、現行の実践をその名に値するように分類したものというよりは、実際には、題目の曖昧さや、副題やその下の副副題へのさらなる巧妙な分割からわかるように、哲学的分類を試みたものであった。この点ではニコマコスやボエティウスのずっと単純な体系と同様である。

では、五〇〇年から一五〇〇年まで西ヨーロッパにおける数学活動は何であったかを、どのようにして正確に見出すことができるであろうか？ 算のときは、単語の意味をそれが用いられる文脈を検証することで発見することを試みたが、「数学」研究も同様に執り行うことができるであろうか？中華帝国初期のテクストよりも西洋のテクストのほうが多く現存するので、すべての調査は不可能ではあるが、最初の取っ掛かりとして、オランダの学者ゲラルドゥス・ヨハンネス・ヴォシウスが編集し、一六五〇年アムステルダムで出版した数学史書『数学的諸学問の種類と構成について』を、とくにイギリスの作家に関係する限りであるが検討することにしよう。

英国の知性史に関する情報をオランダの学者に頼るのは奇妙に思えるかもしれないが、英国の作家についてのヴォシウスの説明の多くは、それより前のイングランドの古物収集家ジョン・リーランドの作品に基づいているからである。修道院解散の少しの前の一五三三年、リーランドはヘンリー八世の命を受け王国の図書館とカレッジを調査し、蔵書リストを作った。次の二、三年かけて彼は一四〇少しの宗教財団の所蔵物のリストを作った。続いて起こった書籍の分散と紛失は彼をたいそう悲しませた。つまり彼は一五三六年トマス・クロムウェルに、「ドイツ人たちは我々の怠惰と無視を知って、こちらに毎日若い学者を送ってきたが、彼らは書籍をだめにし、それらを図書館から持ち去った」、と訴えたのである。リーランドは図書館の蔵書の、最後で最も包括的な記録を残した。彼は六〇〇項目を含む英国作家の辞書を編纂しようとしていたが、残念なことにそれが完成する前に健康を害してしまった。しかしながら彼の非常に貴重な仕事は他の歴史家に認められ、ヴォシウスを含む後代のきわめて多くの著作家が直接的間接的に彼の仕事を利用した。

ヴォシウスが言及した最初のイングランドの作家は、七三〇年頃の著作家ベーダで、「天文学」と「算術」の双方の項目の中に記述されている。ベーダは人生の大半を北西イングランドのジャロー修道院で過ごし、聖書注釈家、教会史家としてよく知られているが、今日彼を天文学者とみなす者はほとんどいない。しかしながら彼に帰された作品は、月とその周期、復活祭の日程、惑星と黄道帯、アストロラーブ[*13]の使用法、春分の計算についてであると記述されている。これらの作品のいくつかは後の注釈家が誤ってベーダに帰したものだが、初期中国の皇帝にとって冬至の正確な期日決定が重要であるのと同様に、ベーダがクリスマスに重要な復活祭の期日決定にたいそう関心を持っていたことは確実である。それはどちらも容易な計算ではない。復活祭は春分後の最初の満月の次の日曜日にくるので、正確な期日計算には、本来は相互に関係のない月の周期と太陽の周期の両方を理解する必要がある。イングランド北部には、ケルト系とローマ系の二つのクリスマスの伝統があったので、相容れない期日が導かれるが、六六四年のウィットビー教会会議で最終的に解決された。[*14]ベーダ自身は必要な計算

＊13　古代中世の天文学者、占星術師が用いた天文観測用機器。

を行うことはなかったようだが、問題が何であるかは知っていた。教会の時間管理の計算は最終的にはコンプトゥス（暦計算）という名前で知られるようになり、中世を通じて基本的であり続けた。

ベーダとその弟子アルクインの後、一一三〇年頃バスのアデラードに出会うまで、四世紀以上もの間ヴォシウスの説明にはイングランド人の名前は見えない。アデラードはフランス、シチリア、シリアに旅行したように思え、エウクレイデス『原論』の一部をアラビア語からラテン語へ最初に翻訳した者の一人で、アストロラーブについても書いたと言われている。

ところが一三、一四世紀には人名（と推定活動時期と）がますます頻繁に現れるようになった。彼らは皆「天文学」と「占星術」の項目の中に見える。宇宙における大地とその位置に関する著作で四百年間ずっと大学のカリキュラムで重要な位置を占めていたヨハンネス・サクロボスコ（一二三〇）、占星術師として記述されたロジャー・ベイコン（一二五五）、惑星運動についてものしたと言われるウォルター・オディントン（一二八〇）、恒星運動についてものしたと言われるノーザンプトンのロバート・ホルコット（一三四〇）、占星術師ジョン・イーストウッド（一三四七）、占星術師ニコラス・リンネ（一三五五）、天文学者ジョン・キリンウォース（一三六〇）、医学、占星術、天文学についてものしたと言われているサイモン・ブレドン（一三八六）、占星術師ジョン・サマー（一三九〇）などである。確かに一四世紀は天文学と占星術の研究が最高潮に達していたが、次いで一五世紀には人名は再び次第に消えていく。それはおそらく一三四八年の恐ろしい黒死病の打撃によるものである。前記の人々の多くはフランシスコ会、ドミニコ会、カルメル会の修道会に属していた。また多くはオックスフォード大学、とりわけマートン・カレッジに関係し、彼らの作品のいくつかは今日に至るまでオックスフォード大学に大切に保管されている。彼らは皆、天文学と占星術との間のまだ定まらない領域を、行ったり来たりしていたのである。

天文学者たちがこのように華やかに集まっていたのに反して、音楽、光学、測地線学[*15]、宇宙論、年代学、力学に関する英国の作家はヴォシウスのどの章にも見当たらない。ティルベリーのガーバスとロジャー・ベイコンだけが地理学と地図作成者の項目で言及されているにすぎない。こうして「ヴォシウスの時代の」一六世紀を基準に後戻りして中世イングランドの数学作品を見てみると、最も盛んであったテーマはコンプトゥスと占星術であった。

しかしながらヨーロッパの他の地域に関しては異なる光景が見られる。たとえば西地中海の中心に位置するイタリアでは、北欧よりも交易が盛んで、複雑な商業計算が行なわれ、一三世紀には、商業算術と少しばかりの初歩的代数学（基本方程式の解法）まで訓練する「算法学校」が設立された。そこで影響力のあるテクストは、後にフィボナッチとして知られるピサのレオナルドの『算板の書』であった。『算板の書』には何百という商業問題が含まれている。その二問を見ておこう。

＊14　当時イングランドには、ローマ・カトリック系と、アイルランドを経由したケルト系の二つのキリスト教があったが、ウィットビーで開催されたこの教会会議で前者に統合された。

＊15　geodesics. 地上の離れた二点間の距離を測定する学問。

四人の男が共同出資をし、最初の男は全体の$1/3$を、もう一人は$1/4$を、三番目の男は$1/5$を、四番目の男は$1/6$を出資し、彼らは皆で60ソルドゥスの利益を得た。各々はそこからどれだけ得たかが問われる。この問題は実際、四人が60ソルドゥスで一頭の豚を買い、そのうちの最初の男が豚の$1/3$を、二番目の男が$1/4$を、三番目が$1/5$を、四番目が$1/6$を望むという問題について言われているのと同じである……。

レオナルド自身はこの問題には二種類あることを指摘している。それはまた数学的には中国の『算数書』に見えるキツネ、イヌ、ヤマネコの問題と同じである。次の問題は当時のイタリアの関心を反映し、貨幣や品物の変換に関する多くの問題の典型例である。と同時に、ディオファントスから約一〇世紀後に、今なおもう一つの種類の算術がアレクサンドリアで繁栄していたことを示している。

ジェノヴァの11巻き（の布）の価値はアレクサンドリアでは17カラットである。フィレンツェの9巻きはどれほどの価値があるのか？　この11巻きとこの9巻きは重さの単位は等しくないので、ジェノヴァの11巻きからフィレンツェの巻きを作る、あるいはフィレンツェの9巻きからジェノヴァの巻きを作ると、双方はジェノヴァの巻きかフィレンツェの巻きのどちらかになるであろう。ところでフィレンツェの巻きは容易に作れ、ジェノヴァの巻き各々はフィレンツェの$\frac{1}{6}2$巻きなので、ジェノヴァの巻きを$\frac{1}{6}2$で掛ければフィレンツェの巻きとして$\frac{5}{6}23$巻きとなる[*16]……。

彼らの学問に関して、ヴォシウスとその北欧の情報源の作家は、決して『算板の書』を参照したことはなかった。実際ヴォシウスは『算板の書』をうわさでしか知らなかったのであり、しかも『算板の書』の時代を二世紀も誤って理解していたのである。数学活動はたいそう地方化されていたようだ。時代も関係していた。中世において、後にディーやヴォシウスが考案した題目の大半は、少なくとも英国でははなはだ余分であったようだ。英国も一六世紀終わりまでにより広い世界に突入し、もはやそれまでとは異なる。一六〇〇年頃活躍したトマス・ハリオットは光学、弾道学、錬金術、代数学、幾何学、航海術、天文学の作品を残している。他方、同時代のオランダのシモン・ステヴィンは、似たような領域の主題について出版したが、航海術は、（彼にとって）より適切な閘門や水理学に置き換えられている。コンプトゥスと占星術とは新しい世界秩序の数学活動に道を譲ったのである。

数学とは何か？

では数学とは、歴史的には何であるのか？　今まで述べたことから、数学活動には多くの形があり、ある種の計測と計算を必要とするということは明らかである。もっと正確な答えは、時間と場所とに大いに依存していたにちがいない。［数学活動には多くの形があるが、それらを］つなぎとめる糸が共通にわずかにある。すなわち組織化された社会にはいずれも交易と時間を管理することが必要なのである。大雑把に述べるなら、それはそれぞれ初期中華帝国の算数と算暦の目的であり、あるいは

＊16　当時の分数表記はアラビア語順にならって今日の$2\frac{1}{6}$を右から$\frac{1}{6}2$と書いた。

一三世紀ヨーロッパのアバクスとコンプトゥスの目的である。しかしながらこれら様々な技法の実践者たちはまったく異なる社会的地位にあったようである。算数とアバクスの技法は商人や官吏のためにあり、他方算暦やコンプトゥス[*17]の知識は中国では高位の専門家に、また中世ヨーロッパ大陸では修道士や学者に求められていた。十分な教育を受け、ある種の抽象的思考を普通に必要とする「高度な」数学に従事していた人々と、「ありふれた」「世俗的」数学を用いて仕事をする商人や職人との間には、社会的地位と尊敬の度合いにおいて差があり、それは何世紀にもわたり異なる文脈で繰り返されてきた。

社会がより複雑になるにつれ、必要とする数学も複雑になっていく。ディーが提示した題目の長いリストは、たとえそのいくつかは余分だとしても、数学的経験から生まれた広範な領域の活動を反映している。これらの主題は集合的に「混合数学」（数学がその外部の主題を分析するために用いられるという、後の「応用数学」の概念とは必ずしも同じではない）として知られ、数学はそれらの各々の不可欠な部分であることが示唆されている。

初期中華帝国と中世ヨーロッパからわかったことは、便宜的に「数学」とは呼ばれるが、多くの数学分野や活動を定める知識体系は一つであるとは考えられないということである。このことは他の社会には拡張できないと考える理由はない。どんなものが一番適切で重要であるのかは、いつも時代と場所に関係するのである。

数学者とは誰なのか？

今や数学を構成する活動領域を確認できるようになったので、数学者と認められるのは誰なのか、誰でないのかを述べることができるであろうか？　ピュタゴラス、ディオファントス、フェルマ、ワイルズの四人はいずれも数学者と通常記述されている。最初の三人は亡くなっており、標準的参考書である『数学者伝記事典』[*18]の項目に普通に含まれている。しかしながら彼らのうち誰一人として自分たちに貼られたレッテルを認めないであろう。ピュタゴラスは自身をいかに呼んだにしても、それは我々にはまったくわからない。ディオファントスは自らを、おそらく算数やアバクスの日常算術の実践家としてではなく、自然数のよりわかりにくくて難解な性質を探求する「高等算術」の実践家としての算術家と考えていたであろう。他方フェルマは自らを幾何学者（géomètre）と呼んでいたであろう。幾何学はその頃まで四科の最も権威ある重要な分野であったのだ。この呼び名はフランスにおけるアカデミックな数学者の標準的な呼称であり、一九世紀まで用いられた。四人のうちワイルズだけが自分を無条件に数学者と呼んだであろう、と私は言いたい。

今日数学といえば高度に尊重され崇拝もされているが、本章ですでに述べたことから、そのことが必ずしもいつも当てはまるとは限らないことが容易にわかる。一二世紀のソールスベリーのジョンは、恒星や惑星の位置から未来を予測するという数学の実践は、人間と悪魔の間の宿命的な親交から生じ

*17　計算板、さらにそれを用いた計算を意味する。
*18　*Biographical Dictionary of Mathematicians*, vols.3, Charles Scribner's Sons, 1991.

たもので、手相占いと鳥の飛行占いと共に邪悪の根源であると言う。ルネサンスの医師で主要な代数学テクストの著者の一人であったジロラモ・カルダーノは、キリストの星占いをしたことで一五七〇年投獄された。一六〇五年、「火薬陰謀事件」の犯人と関係するとして逮捕されたトマス・ハリオットは、陰謀への関係を疑問視されてはいるが、ジェームズ一世の星占いを壁に貼ったことから疑われたのである。一七世紀末ジョン・オーブリーは、田舎の聖職者で数学教師であったウィリアム・オートリッドについて、「田舎の人々は、彼が魔法を使うことができると信じていた」、と書いている。前近代のヨーロッパでは、数学実践家が取り組んでいる課題のみならず、実践家も同様に危険視されなくはなかったのである。

実際には「数学者」という言葉は、通常一五七〇年になって初めて英語の数学作品に登場するようになったのである。最初それは主に外国の著者によって用いられ、のちに奇妙なことに相互に無関係な二者、射撃手と占星術師を示すのに用いられた。一六六〇年の王政復古以降になって、それは一般的に幾何学や算術の著者を示すのに用いられるようになったものの、占星術師にも依然用いられていた。と同時に「数学者」(mathematicks)による予言は風刺と冷やかしのお決まりの対象となった。数学と占星術とが長期にわたりずっと関係していたことから、学者たちがその言葉を避ける理由が説明できる。ヘンリー・サヴィルは一六一九年、オックスフォード大学に幾何学と天文学の二つの数学教授職を創設したが、後者には判断占星術を含むべきではない、という厳格な指示を下した。今日までケンブリッジ大学はルーカス数学教授職を提供しているが、オックスフォード大学でそれに相応するものはサヴィル幾何学教授職である。数学と占星術的な予言や感応力との結びつきはヨーロッパだけの現象であるとは考えられない。現代中国の言葉「数学」が、伝統的には占いの文脈における数の研究を意味したことも心に留めておく必要がある。*19

要するに「数学者」とは、我々が今日その言葉を理解しているように、近代西洋の発明なのである。数学活動の長い歴史のなかで、それはまばたきするほどのわずかな間にしか存在していないのであるから、数学史を正確に評価しようと思うなら、その現代的イメージを過去に投影してはいけないことが決定的に重要である。だから歴史家は「写字生」「宇宙論者」「代数学者」、さらにもっと一般的な「数学実践家」と、より正確に記述したがるのである。一つだけ確かなことは、数学史は数学者の歴史ではないことである。

*19 中国語の「數學」は易から分派し、雑様な説が加わったもので、術数の学に由来する。

第3章 いかにして数学的アイデアは広まるのか？

前章では、異なる時代、異なる地域での数学活動を広範に概説した。これは、人々が実際に何を行ったかを判定するという、数学史研究の一つの方法である。しかしながら歴史家は満足せず、さらに問いかける。人々が何を知っていたかだけではなく、知っていたことを仲間内で互いに、そして後代の人々にいかに伝えたのか、という問いである。数学的アイデアは人々の間、文化間、世代間でいかに受け継がれるのであろうか？（フェルマはどのようにしてディオファントスを知ったのか、ワイルズはいかにしてフェルマを知ったのかという、第一章で最初に提起した問題を思い起こしてほしい）。

この問いを拡張すると、過去の数学について歴史家自身がいかに知り得るのかという問いになる。つまり、我々が持っている資料は何か、いかにしてそれらは我々に伝わってきたのか、それらはどれほど信頼がおけるのか、どのようにして我々はそれらを解読できるようになるのか？　本章では、数学的アイデアが長い時空を経て伝わってきた方法を検証しよう。ただしそれだけではなく、それらがときとしていかに伝えられなかったのかも検証しよう。

脆弱性、希少性、曖昧性

数学はピュタゴラスから始まったと気安く考える者は、いまや精緻な数学が千年以上も前にエジプトや今日のイラクですでに行われていたことを知って、眩惑に襲われるかもしれない。前一、二世紀にはエジプト文明とバビロニア文明とはかなり隣接して存在していた。しかしティグリス川とユーフラテス川流域では、筆記材料は粘土板が用いられ強固で長持ちする一方、ナイル川地域のパピルスはそうではなかったことがわかっている。この単純な理由で、エジプト数学よりもバビロニア数学のほうがずっとよく知られている。数学的内容を持つ何千という粘土板がイラクで発掘された。さらに多くの粘土板は、近年の戦争の惨憺たる結果によって、たとえ戦車で踏まれたり盗まれたりしなかったとしても、依然として埋もれたままなのである。他方エジプトでは、生き永らえた数学テクストや断片の数は三本の手の指［つまり一五］で数えることができ、それらは一千年もの歴史のなかで分散して存在している。英国でそれに対応する資料は、おおよそノルマン人の征服の時代からのものがわずか、そして一四世紀[*20]のものはそれよりもう少し多い。現存するエジプトのテクストはわずかな情報しか与えてくれず、エジプトの数学活動に関しては憶測と想像の余地を多く残している。

インド、南西アフリカ、南アメリカでも状況はエジプトと同じである。気候により木材、毛皮、骨

＊20　テクストは一九世紀となっている。実情に合わないので、資料が徐々に見い出されてきている一四世紀としておく。

などの自然素材は徹底的に破壊され、歴史家は十分には保存されてこなかったほんのわずかなテクストでやりくりせねばならない。もちろん資料が少なければ過去を描写することはできない。（中国の『算数書』のように）新資料の発見が数学文化全体についての我々の認識を根本的に変えてしまうことを知ると、現存しているものが失われたものをはたして代表しているのかどうか考えなければならなくなる。と同時に、テクストがないことによって、歴史家は情報を探す幅を広くせねばならなくなり、これは利点となる。たとえば、日常行われていた計算や計測が行政記録によってわかることがある。考古学的証拠から、いかにして建造物が計画され建設されたかについて、そして、そこでどのような計算が行われたのかについて（ストーンヘンジやピラミッドの建設時に行われた計算を示す直接の証拠は残されていない）の我々の知識が増大する。絵画、物語、詩のような多様な情報源もまた当時の数学知識を遠回しで説明してくれるのである。

多くの古代テクストは今や死に絶えた文字と言語で書かれているので、それらの翻訳には困難が伴う。必要な言語能力を備え、しかも数学資料に勇敢に立ち向かう学者の数は非常に少なく、彼らの仕事は極めて高度な技術を要するのである。ある言語から他の言語への翻訳は本来の意味のいくつかを損なう危険を伴うが、数学の翻訳にはさらに困難がある。それは他文化圏の特殊な概念をいかにして現代人に理解可能にするかである。たとえば、一般の読者は、インドで六二八年に書かれた『ブラーフマスプタ・シッダーンタ』の次の文章をどう解するであろうか。

与えられた乗数に掛けられた山の高さは町への距離である。それは消されない。それが二で増やされた乗数で割られると、それは同じ行程を進む二人のうちの一人の飛躍となる。

この問題を理解するためには、一人の旅行者が山を降り、平地に沿って町まで歩き、他方で他の旅行者は山頂からより高い垂直の高さに魔法のように飛躍し、そこから斜辺に沿って「町まで」ちょうど同じ距離を飛ぶことが前提となる。[*21] 当時の学生にとってこの問題はありふれたものの一つであったかもしれず（もう一つ変形した問題には木を登るサルが登場する）、おそらく口頭で解説されたのであろう。しかし二一世紀の読者には、サンスクリットや七世紀インドの数学上の約束事の知識はまったくなく、一見したところ当惑するのみである。

こうして、元テクストを直訳しても、非専門家にはそれほど多くのことを伝達できるわけではないようである。この問題を避ける古来の方法は、翻訳者（あるいは写字生）が注釈や解説図版を加えることである。実際、重要な数学テクストはいずれもこのような方法で注釈が何層も付けられてきた。もう一つの方法は、テクストを現代の数学記号に置き換えることである。上記の山を登る二人の旅行者の問題にこの方法を試みると、おそらく読者はより理解しやすくなるであろう。現代の代数記号の使用は過去の数学を理解するのに予備的方法として有益ではあるが、元の著者が「本当は」何をしよ

＊21　山の高さを m、乗数を x、山頂から飛躍した長さを d とする。条件から直角三角形の高さは $(m+d)$、底辺は mx、斜辺は $(m+mx-d)$. よって、$(m+d)^2+(mx)^2=(m+mx-d)^2$ より $d=mx/(x+2)$ となる。

うとしたのか、もし現代知識を持っていたとするなら著者は何をすることができるであろうかについて解釈を誤ってはならない。こういう現代化はせいぜい元の方法を曖昧にするだけであり、最悪の場合重大な誤解に導くことになるのである。

例で説明することにしよう。紀元前二〇〇〇年から紀元前一〇〇〇年までのエジプトの現存テクストはヒエラティック［神官文字］で書かれているが、それはヒエログリフ［聖刻文字］から置き換わり、紀元前二〇〇〇年頃以降日常的に使用された筆記体である。それらテクストは二〇世紀初頭に英語やドイツ語に翻訳され、長きにわたりこれらの翻訳が基本文献となった。しかしながら、内容が現代の言語に翻訳されたのはいいとしても、不幸にして現代数学に翻訳されてしまった。たとえば、エジプト人たちは、我々がπと表記する数、つまり半径の平方から円の面積を与える（現代式では$A=\pi r^2$）乗数に、三・一六の値を用いたとしばしば述べられている。この主張のもとになったテクストを検討すると、半径の平方をいかなる数とも掛けてはいないことがわかる。そうではなく、直径を$1/9$だけ減らし、それを平方して面積を見出すことを教えているのである。ペンと紙を用いて少し計算すれば、これは円の面積は半径の平方の$286/81$であることを示し、こうして$286/81=3.16\cdots$という魔法の値となる。しかし「減らし平方すること」はたとえそれがほぼ同じ答えを与えるとしても、「平方し掛けること」とは同じではない。手法はまったく異なり、初期文化の数学的思考法を理解するために歴史家が関心をもたねばならないのは、まさにこの手法のほうなのである。

バビロニアのテクストを翻訳する場合も同じである。その言語は、現存するいかなる言語にも関係しないシュメール語と、アラビア語やヘブライ語の前身であるアッカド語である。書法は楔形文字で、先の尖った葦をぬれた粘土板に押し付けて書く。数学テクストの大半は、オットー・ノイゲバウアーとフランソワ・テュロー゠ダンジャンが一九三〇年代に翻訳公刊し、それ以降ずっとその仕事はあらましなされてしまったと考えられていた。しかしながらこれら初期の翻訳は、メソポタミアの計算法を現代の代数的等価物に変えてしまったので、当時の書記たちが本来どのように考えどのように計算したのかを曖昧にしてしまった。その結果メソポタミアの計算法をきわめて原始的に描いてしてしまった。ようやく一九九〇年代以降になって、多くの粘土板が元の言語に忠実に翻訳しなおされるようになったのである。たとえば、文字通り「半分にする」「付け加える」を意味する単語は、問題がどのように理解され教えられたかについて洞察を与えてくれるにもかかわらず、「2で割る」「加える」と現代的に翻訳されてしまうと、実際の操作がまったく消えてしまうのである。

テクストを読んで翻訳するのは重要ではあるが、それは古代数学史家の仕事の一つにすぎない。もう一つの仕事は、その翻訳をテクスト自体の文脈の中で解釈することである。しばしばこのことはまったく不可能なときがある。一九世紀に中東で発掘され再発見された多くのテクストは、現存するエジプトのヒエラティック・テクストのほとんどすべてと、何百という古代バビロニアの楔形粘土板を含むが、古物商の手に渡り、出土場所がわからなくなってしまっている。不幸にして、紛失したり盗まれたりした物も、いまだ数多く今日でも売買されている。

数学テクストの脆弱性や希少性は、古代世界から中世の時代に移るとほんの少しは改善される。しかし中世の図書館に丁寧に保管された資料でさえ、必ずしもいつも安全であるとは言えない。衝突の時代に生じたアレクサンドリアの図書館の破壊については様々な説明がなされているが、今となっては確かめようがない。たしかにそれは書物や写本を保管する前近代の図書館と同様に出火しやすかったであろう。オックスフォードのボードリアン図書館の中に入るとき読者は、「図書館に火や炎を持ち込んだり、中で火をつけたりしないこと、そして図書館内でタバコを吸わないこと」を宣誓しなければならない。そのような行為は、人だけではなく図書にも致命的であった日々を思い出させてくれる。

ジョン・リーランドの努力で修道院図書館の所蔵内容が記録されたことはすでに見たが、それでもそれらの図書館が最終的に破壊され、所蔵物が分散された際には、彼はせいぜい収蔵物の一部しか守ることができなかった。他にも致命的なことがあった。オックスフォード大学のマートン・カレッジは一六世紀に極めて多くの写本を書物として印刷した後に、それら写本を捨て去ってしまったのだ。その中にはそれに気づいた収集家によって救われたものもあるが、そうではないものも多くあったに違いない。一六八五年ジョン・ウォリスは、一世紀以上も前のリーランドと同様に、貴重な資料が盗まれたことについて大いに愚痴をこぼしている。彼が書いているところでは、一二世紀の二つの序文がコーパス・クリスティ・カレッジ所蔵の写本から（誰かわからない人物によって）「切り取られ持ち去られた。それらを所持していた者が（何らかの方法で）それらを返還してくれればよいのだが」、と述べている。しかしその望みは無駄であった。この序文はいまだに行方不明なのである。

個人の論文のコレクションも被害を被りやすい。ジョン・ペルは一六四四年、他界したばかりの友人ウォルター・ワーナーの数学論文について心配し、次のように書いている。

ワーナー氏の論文すべてとそこで私が行った仕事の少なからずの部分が横奪され、保管人と債権者との間で数学論文がまったく分けられてしまうのを私はとても恐れる。彼らは一度占星術師になると決めたら、それらすべてを火に焼べてしまうことは間違いない。[*22]

刊本は写本と同じように火事、洪水、害虫、人間の不注意の影響を受けやすいが、多数印刷されればされるほど生き残るのも多くなる。とはいえ、今日まで伝えられてきたものが、かつて存在したものを代表しているというわけではないであろう。「紳士図書館[*23]」の貴重な図書は、商人たちの手垢のついた計算早見表よりも生き永らえるだろうが、当時実際に何が読まれ用いられたかを我々にはほとんど教えてくれそうにない。

過去を真に理解することは、どうやら大部分のピースが失われ、外箱の上に完成図が描かれていないジグゾーパズルを並べようとするようなものだ。とはいえ驚くべきことに、何世紀も、千年さえも

＊22 当時占星術と数学とは同一視されることがあったが、当該の論文は純粋数学的な内容なので、占星術師（figure-caster）は不要なものとして破棄してしまうという意味であろう。

＊23 英国で中流の上層の紳士が個人的に所有するようになった書斎。

生き延びてきた数学テクストがある。たいていの場合それらの内容は純粋に歴史的に興味深い。いまや学校での練習問題を除いて誰もエジプト式分数計算をすることはないし、バビロニアの六〇進法体系の痕跡は、一時間を六〇分に、円周を三六〇度に分割するということだけである。しかしながらテクストのなかには長い歴史を通じて盛んに翻訳され、使用され続けたものもある。これらが過去から現在へとどのように伝えられてきたのか、その跡を辿ることは可能である。その顕著な例は、すでに一度ならず言及したエウクレイデスの『原論』であり、それなくして数学史は決して完全とは言えない。『原論』の「伝承史」と呼ばれる研究は、過去の数学的アイデアがどのように保存され、修正され、伝えられたかについて多くを教えてくれる。

時を経た保存

エジプト資料の脆弱性について上でなされた注意は、同じくパピルスに書かれた古代ギリシャ語世界のテクストにも適用できる。エウクレイデスは前二五〇年頃著作したことが、当時彼の他のいくつかの作品へ言及されていたことからわかる。しかし現存する最古の『原論』テクストは八八八年のものである。そして『原論』は誤解、変更、「改良」を伴って、千年以上にもわたって繰り返し繰り返し書き写されてきた。現在我々のもとにあるテクストがオリジナルに忠実かどうかはどのようにして知ることができようか？　その答えは、否定的である。『原論』の場合、後のギリシャの著作家パッポス（三二〇年）、テオン（三八〇年）、プロクロス（四五〇年）による広範囲にわたる注釈があり、それらは、テクストが四、五世紀にいかに捉えられていたかを教えてくれる。以上の人物は我々よりもエウクレイデスにずっと近い時代に生きていたのであるが、それでも『原論』が最初に書かれてから数世紀後なのである。その他に歴史家がオリジナルに近づける方法は、たとえば、誤解や変更がテクストからテクストへと写された箇所がどこかを調査し、現存写本の「系統図」を作ることである。この場合、「原本」に到達する見込みはありそうであるが、それは骨の折れる仕事であり、真の唯一の原本に到達できるという保証はない。

『原論』の現存最古の写本はギリシャ語で書かれた八八八年のもので、ビザンツで保存されていた。しかし地中海領域のギリシャ語圏にイスラームが広まっていくにしたがい、そのテクストは今度はアラビア語に翻訳された。初期イスラームの翻訳家たちがどのような困難に遭遇したのかは、数世紀後ロバート・レコードの困難と比較すれば想像できる。遊牧民の言語アラビア語は、ユークリッド幾何[*24]学の抽象概念にお誂え向きの単語を含んでいるわけではない。それでもアラビアの翻訳家たちは、絶滅から多くのテクストを救ったのである。

『原論』の中世ラテン語への翻訳の大半は、ギリシャ語からではなく、スペインやシチリアでアラビア語のテクストからなされた。当時、西洋においてギリシャ語はほとんど死にたえていたも同然であったからである。前章で見たバスのアデラードはそういった翻訳者の一人である。一二世紀には他にもその地で見いだされる学問を求めて、北欧から南欧にやってきた学者が数人いる。後にギリシャ

＊24　ギリシャ語エウクレイデスは英語ではユークリッドと言う。

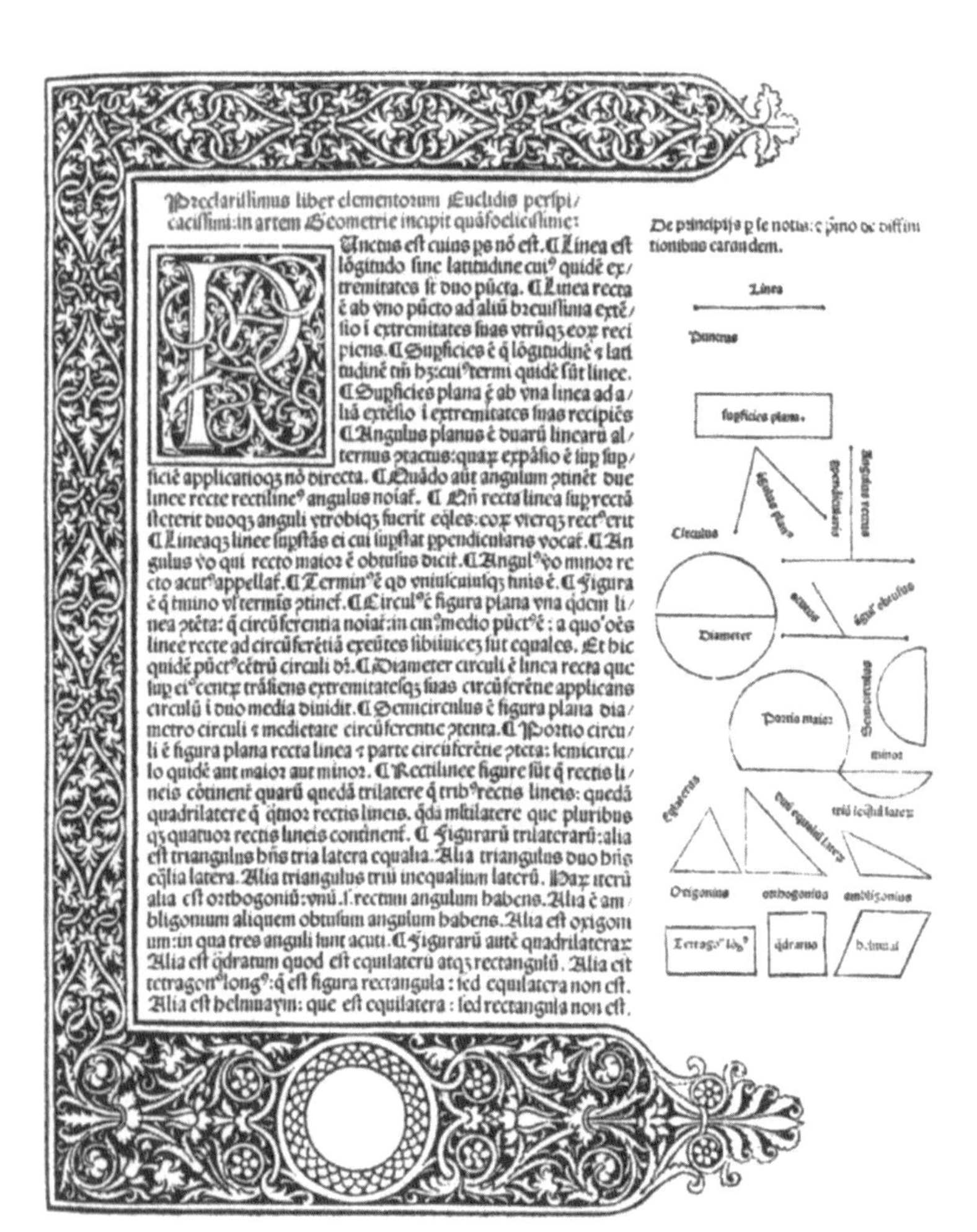
Preclarissimus liber elementorum Euclidis perspi-
cacissimi: in artem Geometrie incipit quãfoelicissime:
Punctus est cuius ps nõ est. ¶ Linea est
lõgitudo sine latitudine cui⁹ quidẽ ex-
tremitates sũt duo pũcta. ¶ Linea recta
ẽ ab vno pũcto ad aliũ breuissima extẽ-
sio i extremitates suas vtrũqз eox reci-
piens. ¶ Supficies ẽ q̃ lõgitudinẽ ⁊ lati-
tudinẽ tñ hз: cui⁹ termi quidẽ sũt linee.
¶ Supficies plana ẽ ab vna linea ad a-
liã extẽsio i extremitates suas recipiẽs
¶ Angulus planus ẽ duarũ linearũ al-
ternus ꝯtactus: quax expãsio ẽ sup sup-
ficiẽ applicatioqз nõ directa. ¶ Quãdo aũt angulum ꝯtinẽt due
linee recte rectiline⁹ angulus noiat. ¶ Qñ recta linea sup rectã
steterit duoqз anguli vtrobiqз fuerit eq̃les: eox vterqз rect⁹ erit
¶ Lineaqз linee supstãs ei cui supstat ppendicularis vocat. ¶ An-
gulus vo qui recto maior ẽ obtusus dicit. ¶ Angul⁹ vo minor re-
cto acut⁹ appellat. ¶ Termin⁹ ẽ qd vniuscuiusqз finis ẽ. ¶ Figura
ẽ q̃ tmino vl terminis ꝯtinet. ¶ Circul⁹ ẽ figura plana vna q̃dem li-
nea ꝯtẽta: q̃ circũferentia noiat: in cui⁹ medio pũct⁹ ẽ: a quo oẽs
linee recte ad circũferẽtiã exeũtes sibiinuicez sũt equales. Et hic
quidẽ pũct⁹ cẽtrũ circuli dr. ¶ Diameter circuli ẽ linea recta que
sup ei⁹ centx trãsiens extremitatesqз suas circũferẽtie applicans
circulũ i duo media diuidit. ¶ Semicirculus ẽ figura plana dia-
metro circuli ⁊ medietate circũferentie ꝯtenta. ¶ Portio circu-
li ẽ figura plana recta linea ⁊ parte circũferẽtie ꝯtẽta: semicircu-
lo quidẽ aut maior aut minor. ¶ Rectilinee figure sũt q̃ rectis li-
neis cõtinent quarũ quedã trilatere q̃ trib⁹ rectis lineis: quedã
quadrilatere q̃ q̃tuor rectis lineis. q̃da multilatere que pluribus
qз quatuor rectis lineis continent. ¶ Figurarũ trilaterarũ: alia
est triangulus hñs tria latera equalia. Alia triangulus duo hñs
eq̃lia latera. Alia triangulus triũ inequalium laterũ. Harx iterũ
alia est orthogoniũ: vnũ .s. rectum angulum habens. Alia ẽ am-
bligonium aliquem obtusum angulum habens. Alia est oxigoni-
um: in qua tres anguli sunt acuti. ¶ Figurarũ autẽ quadrilaterax
Alia est q̃dratum quod est equilaterũ atqз rectangulũ. Alia est
tetragon⁹ long⁹: q̃ est figura rectangula: sed equilatera non est.
Alia est helmuayin: que est equilatera: sed rectangula non est.

De principijs p se notis: ⁊ pmo de diffinitionibus earundem.

図３　1482 年の初版エウクレイデス『原論』の最初の頁 ©Wikipedia Commons

語の知識が次第に生き返るようになると、翻訳はギリシャ語からも直接なされるようになった。

ひとたび一五世紀に印刷術が成立すると、エウクレイデス『原論』はようやく後代に保存されるようになった。写本の伝統が継続しているのが見えるのは、最初に印刷された数学テクストの一つである一四八二年の素晴らしい版である。そこには表紙はなく（写字生は伝統的に名前をテクストの冒頭ではなく末尾に書く）、きめ細やかに彩色された図版が含まれている（図3参照）。

一六世紀を通して本が次々と刊行された。まずラテン語とギリシャ語とで、次に様々な俗語による翻訳が続いた。ロバート・レコードは『原論』最初の四巻から大半の題材を一五五一年の『知識への小径』に組み込んだ。『原論』の後の巻からはより難しい題材を一五五七年の『知識の砥石』に収録した。これは彼の最後の出版物となった。『原論』の最初の完全な英訳は、一五七〇年ヘンリー・ビリングスリーが出版した豪華版である。それはディーの「基本計画」を含み、表紙に「数学者」という単語が見える最初の英語のテクストでもあった。

次の四世紀には、時代の変化に適合するように多くの翻訳本と編集本とが作られた。二〇世紀中頃までには、『原論』は学校のカリキュラムからついに取り除かれることになった（ただしその内容は取り除かれることはなく、生徒はいまだ三角形の作図や角の二等分法を習う）。しかしながらそれは公の場面から消え去ることはなかった。世代が変わるに従い次々と新しい『原論』が翻訳され受容されてきた。現代のウェブ版『原論』は、その長い伝統のなかの最新版と言える。

『原論』は、その影響の及ぼす範囲と期間において他に類を見ない。それが伝承されてきた歴史は、フェルマの最終定理を生んだディオファントスの『算術』を含む、他の多くのギリシャ語テクストの辿った歴史の代表例である。初期の注釈、アラビア語への翻訳、後のラテン語への翻訳、現存ギリシャ語テクストからの最終決定版、これらの伝承過程に関する似たような話は、大半の古典テクストにも当てはまる。ただ一つ例外がある。本来ならば失われてしまったはずのアルキメデスのテクストが、後に上書きされたビザンツの祈祷書の背後にかすかに認められ、それが二〇世紀初頭にほとんど奇跡的に再発見されたことである。こういう発見は比類なくまれなことで、いかに多くの数学的文化財が失われてしまったかを重ねて思い出させてくれる。

距離を隔てた保存

書かれた資料の脆弱性にもかかわらず、数学は時間と距離とを超えて伝達されてきた。不可解なことから始めよう。次に示すのは、現在大英博物館にある古代バビロニアの粘土板の問題（BM13901）の冒頭である。

面積と正方形の辺とを合わせたら0;45となった。

先に注意した技法を用い、必要なときだけ代数記号法を導入し、この問題が何であるかを見ることにしよう。正方形の辺を s とすると、その面積は s^2 となる。数0;45は現代表記するなら $45/60$ つまり

$3/4$のことである。したがってこの問題は現代式を用いると$s^2+s=\frac{3}{4}$という方程式に書くことができる。正方形の辺の長さを求めるバビロニアの方法は、幾何学図形を薄切りにし再配置することを含んでいる。熟練した実践家にとってこの方法は、一連の短い操作手順に還元され、それは答えを与えることを保証する処方箋であった。

次にこの問題を、八二五年頃バグダードで書かれたフワーリズミーの『ジャブルとムカーバラ』にある問題で考えてみる。

一つの平方と21の単位とは10の根に等しい。

ここで「根」とは与えられた平方の平方根であり、ここでも現代記号を用いるなら、この問題は$s^2+21=10s$と書かれることがわかる。要するに、これは二五〇〇年以上も前に書かれた古代バビロニアの問題に密接に関係しているのである。さらにフワーリズミーは、解を見出すためにほとんど似たような処方箋を与えた。彼のテクストは非常に影響力があったので、今日アルジェブラ［代数学］として知られている分野にその名前が与えられている。

この事例が示しているのは、同じ解法を持つ同じ問題が、同一地域で何世紀後にも出現したということである。これは偶然の一致であろうか？　連続性に関しては、エウクレイデス『原論』とそれ以前の時代［古代バビロニア］の連続性の証拠はまったくない。また古代イラクとイスラーム時代のイラクの間にも連続性はないことは確かである。しかしながら、後期バビロニアからインドへアイデアが移転された証拠はあり、さらにのちにインドからバグダードへと、他の地域に数学が移植された証拠もある。ここで議論されたような問題は、もしかするとそういった流れの一部なのかもしれないが、それについて［資料不足から］我々は言うことも考えることさえもできない。とはいえ、より確実に知られていることを詳しく述べることは価値あることである。

紀元前五〇〇年から紀元前三三〇年まで、古代イラクと北西インドは、離れてはいるがペルシャ帝国の一部であった。その後わずかの期間ではあるが、これらの領域はアレクサンドロス大王の支配下に入った。バビロニア数学がインド数学に吸収されたことについてはその状況証拠があるが、とくに天文計算においてはかなり確かなことである。というのも、インドでは時間と角度の計測に六〇の基準が見受けられ、一年の日中の長さの計算法もよく似ているからである（他の初期社会と同様インドでは、儀式などの目的での時間管理が重要であった）。後にはギリシャ語の天文学や占星術のテクストがサンスクリットに翻訳され、天文高度計測に用いられたギリシャの「弦」はインドの「正弦」の基礎となった。初期インドの資料が不足しているので、どのような知識が他に東進したかを知ることはできない。無論、他の方向にも伝えられ、たとえばイスラーム期以前のイランのわずかな天文学断片には、サンスクリットのテクストの影響が見える。

六世紀終わり（あるいはもっとずっと前）までに中央インドの各地では、位取り記数法によるちょうど一〇個の数字を用いた記数体系が展開していた。この重要性はとうてい見過ごすことはできない。

今日では任意の大きさ（小さくてもよい）の数を、ただ一〇個の記号0, 1, 2, 3, 4, 5, 6, 7, 8, 9を用いて書くことができる。「位取り」とは、「2」「3」は200003, 302だと異なる位置に置かれているから異なる値を持つことを意味する。両者ともゼロは位置を占める役割をするので、200003を23に、また302を32に間違うことはない。一度このことが理解されると、加法乗法では、任意の大きさの数に同一の規則が適用できることになる。もちろん他にも歴史的には多くの記数法があったが、それらはすべて、数が大きくなるにしたがい次々と新しい記号が必要とされ、ペンと紙の計算にふさわしいものではなかった。より身近な記数法に変換することなく、たとえばローマ数字でxxxivとxixと書かれた数[*25]を加えてみよ。

インド数字あるいはヒンドゥ数字[*26]と呼ばれる数字は、七世紀にはすでにカンボジア、インドネシア、シリアの一部で知られていた。たとえばそれらはシリアの司教セルヴェトゥス・セーボーフトが高く称賛していた。七五〇年までにイスラーム は旧ペルシャ帝国領域（とそれを超えて）に広まっていった。七七三年までにインド数字は、インドからカリフのマンスールにもたらされた天文学論文のなかでバグダードに到着した。ジャブル［代数学］についての著者として言及したフワーリズミーは、八二五年頃すでにインド数字の使用法に関するテクストを書いていた。その原本は失われたが、その

＊25　これは34＋19の計算。
＊26　ヒンドゥはペルシャ語でインドを指す。インド数字は英語ではヒンドゥ数字（Hindu numeral）と呼ばれることが多い。

内容は後のラテン語訳から復元することができる。それは、位取りと正しいゼロの使用法を初めて説明した本であった。一〇個の数字を、サンスクリットの形ではなく、アラビアの形でどのように書き表すかを教えていた。その後加減法、二倍法、二分法、乗除法、六〇進法を含む分数に関する説明、開平法が続く。フワーリズミーのこのテクストは何世紀にもわたる算術テクストの類型を形成することになる。そのあらましは拡張されながら伝えられ、一七世紀ヨーロッパの多くのテクストの中でその影響をはっきりと認めることができる。西方に広まるにつれインド・アラビア数字と今日では呼ばれるようになった。インド数字自体の話を続けよう。

一〇世紀末までにインド数字は、インドからイスラーム世界のもう一方の端であるスペインにもたらされた。その地でアラビア語圏で今日用いられている東アラビア数字の形[*27]ではなく、現代西洋で用いられている数字の形に繋がる西アラビア数字の形を獲得していった。そしてスペインから北に向かってフランスやイングランドにゆっくりと広まっていった。その数字にまつわる神話の一つは、九七〇年以前にスペインを訪問し、後の教皇シルヴェステル二世となったジェルベールと呼ばれる修道士が、西洋キリスト教世界にその数字を導入したという話である。ジェルベールがアバクスのカウンター[*28]上にその数字を用いたことは確かであるが、このわずかな証拠からは彼が残りのヨーロッパの地域にその数字を導入したとはほとんど信じることはできない。彼はインド数字に関係する計算法を学んでいたのかどうかわからない。単に装飾記号として数字を用いたのかもしれない。第一、その他にも同様に数字の知識を持ち帰ったスペインへの旅行者がいたに違いない。おそらく数字の知識はゆっくりと少しずつ広まり、その有益性が徐々に理解されるようになったのであろう。

　スペインの天文表である『トレド表』は、一一四〇年にマルセイユで、一一五〇年にロンドンで導入されたことが知られている。表の使用法はアラビア語からラテン語へ翻訳されたが、表自体は翻訳されることはなかった。度、分、秒を測定する二桁の数字を、誰が扱いにくいローマ数字に変換したがるであろうか？　天文表を通じてインド数字はバグダードに、のちには北欧にも伝えられた。それは天文学者自身にとってその数字が有益であるばかりではなく、他の人の観測結果を理解するためにも重要な役割をしたからである。

　より世界的に見ておくと、数字の知識とそれに関連する計算方法も、交易を通じて西進し北進したにちがいない。たとえば十字軍は一一世紀末以降それらに出会ったであろう。しかしながら天文表とは異なり、売買の記録は一時的なものであり、すぐに消えてしまった。

　一二世紀までに、新しい数字とそれを用いた計算法を具体的に説明するテクストが書かれている。そのうちの一つは、ピサのレオナルドの『算板の書』で、それはイタリアでは回覧されたがそれより北ではそうではなかった。その代わりにフランスやイングランドでは、冒頭の言葉「アル＝フワーリズミーは述べた」（Dixit Algorismi）というラテン語の、アルゴリスミを崩した名前である『アルゴ

＊27　٠١٢٣٤٥٦٧٨٩.
＊28　ここで言うアバクスとは、一、十、百等々と位を書いた計算板で、その上に小石（カウンター）を置いて数を記したり計算した。

リスムス』と呼ばれるラテン語のテクストが見いだされるようになった。これらのテクストは、フワーリズミーの元論文のように、数字の書き方とそれらを用いた基本演算の仕方を教えた。『アルゴリスムの歌』として知られているとくに魅力的な［フランス語］テクストは、フランス北部のヴィル・デュのアレクサンドルが編集した詩である。その冒頭は、翻訳すると、

この術はアルゴリスムと呼ばれる。そこでは
我々は五を二倍した個数のインド数字を用いる
0, 9, 8, 7, 6, 5, 4, 3, 2, 1

アレクサンドルは、それぞれの数字の位置がどのような役割をするのかの説明に移る。

もしそれらのどれかを最初の位置に置いたら
それは単にそれ自身を意味する。もし二番目なら
それ自身十倍

［現代から見れば］明らかに長所を持つにもかかわらず、インド数字の受容は緩慢としていた。それはしばしば言われるように、それらの数字が東洋起源、非キリスト教起源だからというのではない。

日常で使用するには、旧来のローマ数字体を用いて指やアバクス上でする計算で十分であったからである。そのうえ、必ずしも誰もが新しい数字を学ぶのが容易だと思ったわけではなかった。一四、一五世紀にもなると、イタリアのカヴェンソにあるベネディクト会修道士は、著作の30章目からXXX, XXXI, 302, 303, 304, …というような数字を付け［混乱が見られ］た。しかしながら最終的にインド・アラビア数字は他のすべてを凌駕し、それらは西進し、やがてアメリカにまで達し、世界一周をほぼ成し遂げた。

数学が長い距離を超えて広まっていった方法については他にも事例がある。たとえば中国の伝統数学は、中国の近隣すべてに採用され、またインド数学とも交流があったことも疑いがない。西洋とは、一七世紀にやってきたイエズス会士がエウクレイデスの『原論』をもたらしたときから交流が始まった。こういう伝搬運動はずっと最近になっても継続し、一九世紀に西洋数学はその中心地フランスやドイツからヨーロッパの辺境、つまり一方の側はバルカン半島、もう一方の側はイギリスそしてアメリカへと、[*29] そして最終的には世界中のすべての国々へともたらされた。こういった伝搬は今日の特徴であり、数学のアイデアは長い時間をかけて伝わるのである。

＊29　イギリスは一七世紀にニュートンが出て数学の中心地の一つであったが、その後ヨーロッパ大陸との数学上の交流がなくなり、数学の中心地ではなくなった。しかし一九世紀初めにフランスの数学が導入されたことを指す。

人々を忘れない

本章で私は、断片的な形といえども過去の数学のいくつかが、長い時間をかけて、ときに長い距離をも超えて、生き延びてきたことを記述した。しかしながら言葉遣いに関しては慎重であるように努めてきた。数学のアイデアの変遷に関連して一般的に用いられるのは「情報の伝達（transmission）」という言葉であるが、私はそれが嫌いだ。というのも、それは電波塔という意味が含意されているからであるが、それとは別に、そこには創始者が自らのアイデアや発見を未来世代に意図的に向けていることを含意しているからでもある。しかしこれがそうであったためしはほとんどない。たいていの場合、数学テクストは、自身が使用するため、あるいは同時代人が使用するために書かれるのであり、それを超えてさらに生き永らえるのは、多くは周囲の事情の問題なのである。まるで自力で育つ庭草であるかのようにアイデアが単純に広がっていく、と述べるのを私は避けたかった。

反対に、数学は大なり小なりいずれも人を媒介して伝達されるのである。上で概説した長期にわたる事例以外にも、小さな相互作用や相互交流が限りなくある。すでにそれらのいくつかについてはごくわずかであるが見てきた。バグダードのカリフの前に現れたインドの使節、写本内容をほとんど理解できないまま書き写していたビザンツの書記、アレクサンドリアの市場でしきりに値切るフィレンツェ商人、その千年前に同じ都市アレクサンドリアにいた、巻物のリストを注意深く記録し、のちのジョン・リーランドのようにそれらの破壊を恐れていた図書館員、オックスフォードのウォリスに手紙を送り、誤解に基づく期待を抱かせたフェルマ、新しい証明を講義で発表し、電子メールで最終的な訂正のニュースを送信したワイルズ。数学的アイデアはあくまでも人々がそれについて考え、他の人と議論し、それを書き留め、関係する資料を保存するというただそれだけの理由で巡り回るのである。人がいなければ数学のアイデアの拡散は決してありえない。

第4章 数学を学ぶ

忘れがちであるが、現代社会において数学を学ぶ人々の大半は大人ではなく生徒である。幸運にも教育を受けることのできる世界に住む若者は、数学を学ぶのに極めて多くの時間を費やしているように思われる。他方、発展途上国では、いずれの学校も一〇年間以上にわたり、週に二、三時間費やすにすぎないように思われる。

以上のことを考えると、学校のカリキュラムに数学を含めることは現代の事象であると考えるのも驚くにはあたらない。たとえば、一六三〇年頃オックスフォード大学のサヴィル幾何学教授であったジョン・ウォリスは、学校でもケンブリッジ大学でも算術を学んだことはなく、商人となるために勉強していた弟からそれを学んだのである。その三〇年後、同じくケンブリッジ大学で教育を受け、海軍省メンバーで、たいへん聡明で学識あるサミュエル・ピープスは、九九の表を学ぶのに苦労していた。それでも、数学的知識を次のせめてわずかな世代に伝えていくのは、多くの文明社会では重要な仕事と見なされてきた。

何がどのように教えられたかを研究すれば、数学のどのような面がどのような目的と関連するのかを多く知ることができる。本章では、それに関するかなりよい資料が現存している二つの事例を検討する。一つは紀元前一七四〇年以前の南イラクにあるニップールの学校の事例、もう一つは一八〇〇年直後イングランド北西部のカンブリア地方にあったグリーンロウ・アカデミーの事例である。

バビロニアの教室

古代都市ニップールは、バグダードとバスラという近代都市の真ん中にあり、ユーフラテスの湿地帯に位置し、神エンリルに捧げられた複合寺院のまわりに建設された重要な宗教センターであった。後の中世ヨーロッパの大寺院や修道院のように、バビロニアの寺院は有り余るほどの奉納物を受け、土地や仕事を統制し、したがって勘定書や計算を扱うことのできる熟練した書記を必要としていた。家族経営の仕事を受け継ぐ子どもたちは、おそらく早いうちから訓練を始めていた。

日干しレンガで作られたニップールの小さな家は、今日家屋Fとして知られ、その都市におそらくいくつかある書記学校の一つであったように思われる。家屋Fは女神イナナに捧げられた寺院に近く、紀元紀元前一九〇〇年以降に建設され、紀元前一七四〇年直前には学校として用いられていた。日干しレンガで作られた構造なので、それには定期点検が必要で、学校として用いられなくなった後も何度となく建て直された。その際建設者たちは、多くのばらばらになった学校の粘土板をうまく利用し、床や壁や新しい家の家具に再利用した。他にもリサイクル回収箱のなかには、未使用の大量の粘土板や一部欠けた粘土板も見いだされる。

家屋Fは、学校として使用されたときには三、四部屋と二つの中庭に分けられ、後者には長椅子とリサイクル回収箱があった。不幸にして生徒の名前や年齢はわからないが、一度に一、二人しかいなかったのかもしれないし、生徒が何回どれほどの時間長椅子に座っていたのかもわからない。しかしながら驚くべきことに、楔形文字の専門家は、粘土板の使用法を見てカリキュラムを再構成することができたのである。

家屋Fから出土した粘土板の多くは、一面（表面）は平らで、他の面（裏）は幾分丸い。表面の左側には先生が手本を書き、右側では生徒がそれを写したのが見える。粘土板の丸い裏側には、実際に用いるためか、あるいは記憶テストのためか、学んだ素材の長い文章が書かれている。前一五〇〇年頃のニップールから出土したこの種の粘土板は、各々が「より前の」資料や「より後の」資料を含み、そこから一九九〇年代にニーク・ヴェルトホイスは、初等カリキュラムには、基本的書法から始まり、文語のシュメール語の初歩で終わるという一貫した順序があることを見つけた。エレノア・ロブソンは同じ方法を家屋Fから出土した約二五〇〇個の似たような粘土板に適用し、家屋Fのカリキュラムに同じことをおこない、その中で数学の書かれている箇所を発見することができた。

まず生徒がなすべきことは、楔形文字を書く正しい技法を学び、それらを組み合わせ個人名を書くことであった。次に彼らは木や木材製品から始まり、葦、容器、皮製品、金属製品、動物と肉、石、植物、魚、鳥、衣服などの語彙集を完成することであった。船の容量を計測し、木や石の重さを量り、葦でできた計測棒の長さを測るため、いくつかの数学単語がすでにここで導入された。さらにのちには重量や計測用に作られた表に計測単位も見える。

次に生徒は逆数表（掛けて六〇になる数の組）や、さらに二〇以上の標準の乗法表を暗記することが要求されている。たとえば逆数表は次のような数から始まったであろう。

2	30
3	20
4	15
5	12
6	10
8	7 30
9	6 40
10	6
12	5

（今日も用いられている時間、分、秒の六〇進法では、7 30 は $7\frac{1}{2}$ に、6 40 は $6\frac{2}{3}$ に等しい）

乗法表はかなりの記憶力を必要とする。たとえば 16 40 の乗法表は次のように始まる。

1		16 40
2		33 20
3		50
4	1	06 40
5	1	23 20

表全体と学校の他の演習とを合わせて学ぶには一年はかかりそうだ。この段階で生徒はまたシュメール語で完全な文章を書き始め、その中にはかつて学んだ度量単位が含まれている。

これが終わってようやく生徒たちは、さらに高度なシュメール語を学ぶとともに、標準の表には含まれない逆数の計算をし始める。家屋F出土の少し「高度な」粘土板の一つは、17 46 60 の逆数を見出すのに用いられる計算を含んでいる（答えは 3 22 30）[*30]。その同じ粘土板には、指導者が若い学生であったときの自身の体験から得られた教訓的な文章が含まれている、「若い書記への指導者の助言」で知られた文書からの抜粋が書かれている。

飛び出している葦のように私は跳ね上がり、仕事に取り掛かる。
私は師の指導から逸れることはなかった。
私は自発的には物事をし始めることはない。
与えられた仕事をする私を見て我が良き師は喜んだ。

家屋Fの大半の高等テクストは、数学ではなく「指導者の助言」のような文芸作品である。とはいえ多くは、社会を公正に管理するために必要な文章能力と計算能力の両方に言及している。書記の守護神ニサバへの讃歌の一文は、王に贈り物を献上するこの女神を褒め称えている。

一本の葦の棒とラピスラズリの計量縄
物差しと知恵を与える書板

カンブリアの教室

グリーンロウ・アカデミー[*31]は、ジョン・ドレイプによって、スコットランドとの境界の数マイル南にあるイングランドの北西沿岸のシロスに一七八〇年に設立された。ニップールの家屋Fの学校と同じように、グリーンロウ・アカデミーは家族経営のようなものであった。ジョン・ドレイパーとして知られたドレイプの父[*32]は、以前に同じ沿岸の三〇マイル南のホワイトヘヴンで学校を経営していた。このホワイトヘヴンの学校は「商業と操船術」に関連する科目に重点を置き、ドレイパーは生徒用に二冊の本『若い学生の袖珍版必携：学校での若者の質向上のために計算される算術、幾何学、三角法、測量術』（一七七二）、『船員必携：航海術完全体系』（一七七三）を出版した。一七七六年に父が亡くなると、息子のジョンが書籍、数学器具、そして多少の財産を受け継ぎ、数年後に彼はグリーンロウ・アカデミーを設立することができた。ドレイプ自身が一七九五年に亡くなると、学校は一族の、ドレ

*30　17; 46 40 の逆数を 0; 03 22 30 と求める表があるだけである。おそらく図形を用いて計算したと推定される。
*31　一六六二年の統一令により非国教徒はグラマー・スクールや大学に入学できなくなった。そのために非国教徒用に設立されたのが各地のアカデミーで、一八世紀末頃まで続いた。近代語、科学、数学、技術などの実用教育が重視された。
*32　奇妙なことに、ジョン・ドレイプの父親の通称がジョン・ドレイパーであったようである。

イプの妻の親戚ジョセフ・サウルの管理に移され、彼はおおよそ五〇年間その運営にあたった。そこではカリキュラムは拡大され、ギリシャ語、スペイン語、聖書研究を含むようになったが、グリーンロウ・アカデミーは、父のホワイトヘヴンの学校のように数学研究をとても重視し続けた。

その学校は、近郊のみならずイングランドの他の地域から、さらに海外からも少年たちを受け入れた。九歳の少年たちと、あるときには六歳の少年までも登録ができたが、二〇歳代初めの若者もときにそこで教育を受けた。とはいえ、生徒の大半は一四歳か一五歳であった。一八〇九年の記録によれば、最年少の生徒にはローランド・クーパ（一一歳）、最年長の生徒にはジェームズ・アーヴィング（二三歳）がいて、彼らは英語、書き方、算術の同一基本カリキュラムに従っていた。他の大半の少年は、広範な数学関連科目に加え、絵画やフランス語あるいはラテン語を学んだ。ジョン・コールマン（一五歳）が従ったカリキュラムは代表的なもので、英語、フランス語、書き方、絵画、算術、幾何学、三角法、計測法、測量術、簿記、球面幾何学、天文学、力学、代数学、エウクレイデス『原論』である。その他提供された数学関連科目は、日時計術（日時計作成法）、樽の計量法、築城術であり、またとくに才能あるように見えたジョージ・ピート（一六歳）は、円錐曲線論と流率法（ニュートンの微積分学）の授業を受けた。

しかしながら幸運にも、グリーンロウ・アカデミーから得られたのは単に科目のリストだけではなかった。二〇〇五年に亡くなった数学教育者ジョン・ハーシーは、イングランドとウェールズの学校の生徒が一七〇四年と一九〇七年の間に書いた二〇〇点を超える数学を書き写したノートを収集して

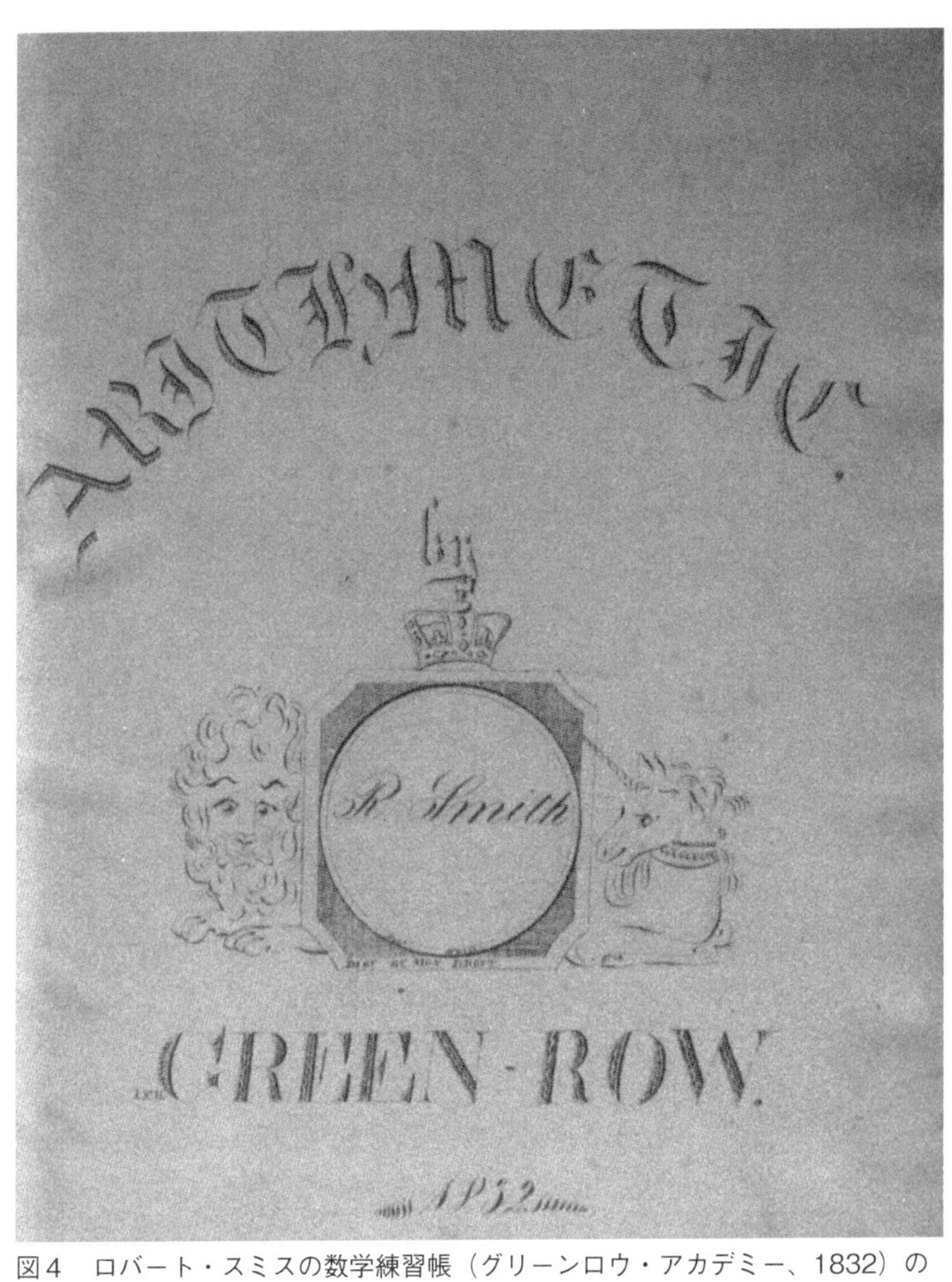

図4　ロバート・スミスの数学練習帳（グリーンロウ・アカデミー、1832）の扉 ©Photo Mary Walmsley

いた。これらは現代的意味での学習練習帳ではない。生徒たちは似たような問題を何度も何度も解いて、貴重な紙を浪費するというようなことはしなかった。それにかわり似たような標準問題を注意深く書き写し、後で役立つ例題のコレクションを自分で作っていた。例題の多くは当時普及していたテクストから取られ、とくに長年読まれ続けたフランシス・ウォーキングゲームの『チューターのアシスタント』（初版は一七五一年）から取られた。生徒用に教師自身が作成した例題も多く含まれている。

ハーシーのコレクションには、一八三二年と一八三三年のロバート・スミスによる五点の数学練習帳が含まれている（図4参照）。ロバートはこの二年間をほとんど一七〇〇頁の数学問題で費やした。中身を見ると彼が学んでいたことが手にとるように詳細にわかる。これらの練習帳はロバートが書いた最初のものではない。というのも、彼はすでに初歩的な四則演算を超え、より高度な内容に進んでいたからである。現存最古の一八三二年の練習帳は三数法で始まる。三数法を用いて生徒は、A人がB日かかって溝を掘ると、C人が同じ仕事をするのに何日かかるか？　というような問題を解くことができた。この三数法は何世代にもわたって生徒に教えられた。その規則は、三量（A、B、C）が知られそこから第四の量（答え）を見いだすのでそう呼ばれている。この規則はインド起源で、おそらくインド数字とともに西進し、イスラームやヨーロッパの算術テクストの至るところに何百年にもわたって見える。

三数法は繰り返し暗記して教えられた。バビロニアの先行者たちと同様、一九世紀のイングランドの生徒は「自発的に事をし始める」ことは要求されなかった。上の例では、正しい答えを得るため、

BをCで掛け、Aで割らねばならないことが教えられた。しかし言うまでもなく、不注意な生徒を困らせる変化形が常にあった。ロバート・スミスは直接三数法、逆三数法、二重三数法*33を学ばねばならなかったのである。これらの題材に続いて、物々交換、利益、共同出資の規則（利益の分配）、常分数、小数、算術数列、幾何数列が来る。おそらく同年に書かれた第二番目の練習帳は、先の練習帳とよく似た題材に取り組み、ここでも三数法で始まり、数列と二進法で終わる。ロバート自身はそれらの練習帳を第一巻、第二巻と呼んでいるので、それらは続けて書かれたように思えるが、なぜ彼は似たような題材の練習帳を二冊も書いたのかは明らかではない。

例題の多くはウォーキングゲームの本から取られている。たとえば、二つしかない順列についての例の一つを見ておこう（もう一つは一二個の鐘を鳴らす場合の数について）。

よい図書館があるのではと期待して町にやってきた若者は、ディナーに毎日家族（彼の他に6人から構成される）を異なる位置に座らせることができるように、家主と交渉して、賄付下宿に40

---

*33 直接三数法とは正比例関係にあるときで、たとえば、「3人がある時間に21ヤードの土地を刈り取るとき、同じ時間に6人ではどれだけ刈り取るか?」のような場合で、$3:21=6:x$ から $x=42$ となる。逆三数法とは逆比例関係にあるときで、たとえば、「3人が14時間にある面積の土地を刈り取るとき、6人では同じ土地を刈り取るのにどれだけ時間がかかるか?」のような場合で、$3:x=6:14$ から $x=7$ となる。二重三数法とは三数法が二つ合わさったときで、たとえば「100ポンドが2年間で9ポンドの利益を生むとき、500ポンドで6年間ではどれだけの利益を生むか?」のような場合で、$100:9=500:x$, $2:x=6:y$ から $y=135$ となる。

ポンド出すことを申し出た。彼は40ポンドで何日滞在することになるであろうか？

ロバートは問題の後すぐ正解を書いたが（1×2×3×4×5×6×7＝5040日）、次に今度もウォーキングゲームにきわめて丁寧に従い、すぐさま常分数に進んだ。

一八三二年のロバートによる二巻の算術の練習帳はほぼ九〇〇頁からなる。さらに『幾何学、三角法、計測法、測量術』という表題の第三番目の練習帳はほぼ五〇〇頁以上にもなり、グリーンロウで奨励されていたような、きれいに描かれた彩色画を含んでいる（図５参照）。

『グリーンロウ一八三三年のロバート・スミスによる算術練習帳』という表紙の次の練習帳は、「通常の規則を用いた実践問題」について扱っている。小包の請求書として知られた問題はとくに興味深い。というのも、生徒はしばしばウォーキンゲームが掲載している名前と日付とを、自身のものに置き換えているからである。たとえばロバートの最初の請求書は次のように始まる。

グリーンロウ一八三二年七月一三日
トマス・ナッシュ氏
ロバート・S・スミスが購入
毛織物の靴下8足　　一足あたり 4s 6d　£1 16s 0d[*34]

同上の糸5組　3s 2d　15s 10d

一八三二年七月そして八月には、別の日付の請求書を作成している。このことは、ロバートが一八三二年にこの練習帳を執筆したことを示しているのかもしれない。すると表紙の日付一八三三年は、書き始めではなく書き終えた日付を示唆するのであろう。トマス・ナッシュの名前は、ロバートによる最初の練習帳の末尾にロバート・リード某の名前と共に書かれていることから、彼らはロバートの教師であったのかもしれない。ロバート・リードの名前は他にも見え、次のようなことを課している。

18ヤードの良質のレース　ヤードあたり0£ 12s 3d　£11 0s 6d
5組の良質の子ども用手袋　一組あたり　2s 3d　11s 3d

一八三三年に完成した第二番目の練習帳は「立体の計測」についてを扱っていた。そこには五つの正多面体（四面体、立方体、八面体、一二面体、二〇面体）の体積と表面積を求める精巧な計算法が含まれている。さらに、レンガ職人、石工、大工、屋根職人、塗装工、ガラス職人、配管工等がそれぞれ用いる専用の単位と特有な計算法も含まれている。ロバートは、たとえば塗装工が「羽目板、ド

*34　£はポンド、sはシリング、dはペンス。

図5　ロバート・スミスが解説を加え答えた三角法の問題、グリーンロウ・アカデミー、1832 年 ©Photo Mary Walmsley

ア、雨戸」の面積を一ヤード平方で見積もること、しかし「暖炉や他の隙間を差し引かねばならない」ことを学んだ。

ロバートが以上すべてを行ったのは何歳のときであったのかは不幸にしてわからないが、グリーンロウで過ごした年月に、彼は理論的でかつきわめて実践的な数学教育を受けたことがわかる。

少女たち

私は、女性という人類の半分を構成する人々を、本書の一節で、あたかも社会の少数者のごとく扱ってよいのかどうか迷った。確かに大半の社会では、少女に数学や科学を教えることは必要ない、あるいはふさわしくないと考えられてきた。それゆえ最近まで、女性作家、女性弁護士、女医がわずかしかいなかったように、女性数学者の名前は歴史にはほとんど登場しない。この状況下で挫折感を味わった女性も多くいたに違いない。そうはいっても、数学教育を受ける機会が与えられ、また自分でその機会を模索した女性が時々いたのである。

そのような女性は、十分裕福であるか時間的余裕があるかの条件のもとで、好きなことならなんでも自由に学べた。その初期の例は、一世紀末に算数の教育を受けた中国の皇后の鄧(とう)である。この時代[後漢]にはまれなことに、彼女の師もまた班昭(はんしょう)という名の女性であった。ずっと後の一六四〇年代には、ボヘミア王女エリザーベトとスウェーデン女王クリスティーナが共にデカルトから指導を受けた。ただし彼女らは、デカルトの数学よりもおそらくは哲学のほうに関心があった。一世紀後には、ヨーロッパで最も多作の数学者レオンハルト・オイラーが、プロイセンのフリードリヒ大王の姪で、アンハルト゠デッソウ侯の王女に、数学や科学に関する二〇〇通以上の書簡をしたためた。これらの書簡はフランス語、ロシア語、ドイツ語で出版され、後には『ドイツ王女への書簡』として英語で出版され、今日に至るまで印刷されている。

しかしながら、通常の女性が数学を研究するより一般的な方法は、父、夫、兄弟から教えてもらうことであった。たとえば、前一九世紀にシップルというバビロニアの町に、二人の女性の書記、イナナ゠アマガとニジュ゠ナンアという姉妹がいた。彼女らは書記でもあった父アッバ゠タープンから専門知識を学んだようである。その二〇〇〇年後に皇后鄧とその兄弟たちは父から早期教育を受けたが、母のほうは少女にとってそれは時間の無駄と考えていたように思える。皇后鄧の後の師である班昭は、学者である班固(はんこ)の妹であるが、兄の死後その仕事は自分が完成するものと考えており、そこには占星術の論文が含まれていた。数学でおそらく最も有名な父‐娘の組み合わせは、四世紀後半のアレクサンドリアのテオンとヒュパティアの組である。しかしながらヒュパティア自身の作品は残されてはおらず、彼女の生涯と死について、伝説が入り混じった多くの副次的文献があるだけである。

近代初期まで少女は家庭内で教育されていた。ジョン・オーブリーは、かつての友人であるドーセットのジリンガムの教区牧師エドワード・ダヴィナントについて、次のように述べている。「世界は彼が人生の大半をいかに費やしたかについて知ろうとしなかった。このため聖職者たる彼は[数学書を]印刷しようとはしなかった」と。けれども、彼は数学を愛していたと、一六七〇年代に注記している。

このダヴィナントは、オーブリーだけではなく自分の娘にも代数学を教えていた。

彼はいつも喜んで教えた。彼は私の願いを聞いて私に代数学を教えてくれた。彼の娘たちは代数学者であった。

エドワード・ダヴィナントが長女のアンに、代数学を用いて何を教えたかがたまたまわかる。人に関することなら何でも熱心に記録していたオーブリーが、一六五九年に彼女のノートの内容を写し取っているからである。アンは一六三二年(これは彼女の妹キャサリンの誕生年)以前に生まれ、アンソニー・エトリックと一六五〇年に結婚したので、一六四〇年代初めに「代数学者」としておそらく訓練を受けていた。

論理学者ダヴィナント博士は非常に素晴らしい学者であるが、彼の長女アン・エトリック夫人の手稿から、私が書き写したこの代数学

アンのノートに見える初期の問題と彼女が書いたラテン語とは、若い初心者に典型的なものであった。たとえばそれらのうちの一つはこうである。何人かの少女が散歩していると、一人の青年がやってきて、「こんにちは、一二人の乙女たちよ」と(ラテン語で)言った。それに対して少女の一人が

すぐさま（そしてまたラテン語で）返事をした。「私達は今一二人よりも少ないが、私達が五で掛けられるなら、それはその少ない数と同じだけ一二人よりも多くなるでしょう」*[35]。何人の少女がいたのか、読者への問題としよう。数頁後でアンは一つの例を考えているのが見えるが、それは八世紀前のバグダードでフワーリズミーが述べた式と解法とであった。つまり6で掛けられ16が加えられるとそれ自身の平方となるのは何か（現代表記するなら、$6x+16=x^2$）。最終的にノートの終わりになると、ラテン語と数学の両方はより上達していた。最後から二番目の問題は、ディオファントスの『算術』にある問題そのもので、370を二つの立方数に分け、その根が加えられると10になる自然数を求める問題である。アンが示すことができたように、答えは7^3足す3^3である。この問題の数値は解が簡単になるように注意深く選ばれているが、もし370を完全な立方数に置き換えたなら、同じ頃ではあるが、遥かに遠く離れたトゥールーズでフェルマが発見したように、解は不可能となる。

一八世紀になっても、社会的身分や両親が寛大であるという要件が整ったときにしか、少女たちは皇后鄧やアン・ダヴィナントのようには数学を教えられることはなかったように思える。フェルマの最終定理を進展させる鍵となる人物の一人ソフィー・ジェルマンは、両方の点で恩恵にあずかっていた。ソフィーは一七七六年パリの裕福な知識階級に生まれ、フランス革命が勃発したのはまだ一三歳になったばかりのときであった。外出することは制限され、父親の書斎で気晴らしをしているとき数学の魅力にとりつかれた。両親は、最初、数学は彼女にはふさわしくない学問と考えていた。しかしのちに彼女の意志の強さに直面し、折れて許すことになった。一八歳になると、新設のエコール・ポリテクニク〔理工科学校〕の講義ノートをどうにかして入手した。彼女に聴講は認められなかったが、ムッシュー・ル・ブランという偽名を使って、エコール・ポリテクニクの教師のうち最も偉大な人物の一人ジョセフ=ルイ・ラグランジュに論文を送った。四年後に彼女は、同じく偉大なドイツの数学者カール・フリードリヒ・ガウスとも、偽名のル・ブランを名乗り書簡を交わした。ラグランジュとガウスの二人は、彼女が女性であることを知った後でさえ、彼女の勇気とその数学を称賛し続けた。ソフィーは人生の大半を不平等に立ち向かった。というのも彼女は、同じ能力を持つ少年が受けられる教育をまったく受けられなかったからである。彼女の論文は間違いや不完全さでしばしば損なわれていた。彼女は表向きは職に就くことは難しかった。にもかかわらず一八三一年亡くなってから、当時ヨーロッパにおける数学研究の中心の一つであったゲッティンゲン大学の名誉博士にも値する、とガウスは彼女を認めている。

「数学における女性」に関する論文や宣伝文句には、いつもヒュパティアとソフィー・ジェルマンが登場する。それは彼女らがその時代その場所で〔数学における女性の〕典型例であったからではない。そうではなかったからなのである。班昭やアン・ダヴィナントのような無名の女性のほうが、概して女性の数学経験や数学教育の実態を遥かによく示しているのである。

西洋では一九世紀までに少女の地位はゆっくりと改善され、初等学校教育ではかなり恩恵を受け始

＊35　12人よりもx人少ないとすると、今$(12-x)$人いるので、$(12-x)\times 5=12+x$. よって$x=8$。したがって乙女は$12-8=4$人となる。

めた。少女が書き写した練習帳はハーシーのコレクションでは少数であるが、それらはイングランドやウェールズの様々な学校で少女に教えられた数学内容について洞察するのに役に立つ。

　ロバート・スミスがグリーンロウで上述の練習帳を執筆していたより前の一八三一年、南ウェールズのニューポートの北の渓谷にあるフェアウォーター学校で、エレノア・アレクサンダーは、換算（「30ポンド1シリング1ペニー$\frac{1}{4}$をファージング[36]に変換せよ」）と、三数法（「7ヤードの布が3ポンド10シリングであったら、65ヤードではいくらか?」）について勉強していた。彼女が書き写した一二七頁になる練習帳全体には、以上の二つの型の問題しか含まれていない。三年後の一八三四年一〇月初め、アン・ウィートマンはヨーク近郊のアップルトン・ル・ムーアズでウォーキングゲームの『チューターのアシスタント』を読んで、自分なりに勉強し始めた（図6参照）。彼女の始めの方の箇所はもはや時代遅れで、そのうえ単純加法[37]には約一〇日、乗法には一カ月もかかったことがわかる。クリスマスが終わると彼女は（お金、布の計測、土地の計測、ビールやエールの計測などの）複合加法を勉強し、三月末までには請求明細書にたどり着いた。そこでは、八組の毛織物の靴下はWm・G・アトキンソン夫人（彼女の師?）が購入し、他方ヘンリー・ウィートマン氏（彼女の父か兄弟?）はサテンの靴下を一五ヤード購入したことになっている。一八三七年四月までに彼女は実践問題、すなわち標準の重量や尺度の分数を知る方法まで進んだ（図7参照）。彼女はウォーキングゲームの本を通じて自分なりに複利計算まで到達した。日付は一八三七年五月一〇日、ページ数にして二五〇頁になっていた。二、三カ月で完成したロバート・スミスよりかなり遅く、三年もかかっているが、それでもかなりの量の数学である。

二〇年後、リンカーンシャーのスタインフィールドのエリザベス・アタサルも、ウォーキングゲームの本を読んで複利計算から三数法（「3ポンドのコーヒーに1ポンド1シリング8ペンスを払うとき、29ポンド4オンスでは幾らいくら払わねばならないか」）まで勉強した。彼女の場合、八組の毛織物の靴下は一八五〇年一〇月二二日チャペル夫人が購入した、という例を用いている。しかしながら、マンチェスターのヒュームにあるイングルスンのドーセット・ストリート・アカデミーのI・ノーマン嬢には、［書き写すべき本が通常とは］少し異なるものが支給された。彼女が写したノートには明るい青色の紙に学校名が特別に印刷され、欄外は二重の赤線が引かれている。最初の頁でノーマン嬢は「数列計算」をしているが、残念ながらさらに進めることはなかった。練習帳には六〇頁ごとにポンド、シリング、ペニーの乗除法（「ヤードあたり7ペンス8/9の布が4767ヤードあるとき、いくら払えばよいか？」）が書かれている。一年後ノーサンバーランドのカーシールド学校では、エリザベス・ドーソンが三数法の勉強とその演習問題に繰り返し取り組んでいた。たとえば、「6シリング8ペンスで7234ヤードの値」を見出すために、彼女は、一九七一年以前の英国の生徒が皆知っている6シリング8ペンスは1/3ポンドであることを用いた。[*38] けれども、フィートあたり3シリング7ペ

＊36　英国の銅貨で1/4ペニー。

＊37　単純加法とは2シリング足す5シリングのように一種の数字の加法で、複合加法とは、2シリング6ペンス足す5シリング2ペンスのように二種以上の単位の数を含む加法。

Oct. 20th 1834.

Numeration.

1	Units.
12	Tens.
123	Hundreds.
1,234	Thousands.
12,345	Tens of Thousands.
123,456	Hundreds of Thousands.
1,234,567	Millions.
12,345,678	Tens of Millions,
123,456,789	Hundreds of Millions

Write down in proper figures the following numbers.

Forty seven 47

One hundred and fifty four 154

図6　1834年10月22日の日付のあるアン・ウィートマンの練習帳の最初の頁
©Photo Mary Walmsley

April 12 1837

Practice

Is so called from the general use thereof by all persons concerned in trade and business.

All questions in this rule are performed by taking aliquot or even parts by which means many tedious reductions are avoided. The table of which is as follows.

of a Pound.			of a Shilling			of a Ton.			of an Hundred.		
s d			d			cwt			qrs lb		
10 " 0	is	$\frac{1}{2}$	6	is	$\frac{1}{2}$	10	is	$\frac{1}{2}$	2 or 56	is	$\frac{1}{2}$
6 " 8	"	$\frac{1}{3}$	4	"	$\frac{1}{3}$	5	"	$\frac{1}{4}$	1 " 28	"	$\frac{1}{4}$
5 " 0	"	$\frac{1}{4}$	3	"	$\frac{1}{4}$	4	"	$\frac{1}{5}$	14	"	$\frac{1}{8}$
4 " 0	"	$\frac{1}{5}$	2	"	$\frac{1}{6}$	$2\frac{1}{2}$	"	$\frac{1}{8}$	of a quarter.		
3 " 4	"	$\frac{1}{6}$	$1\frac{1}{2}$	"	$\frac{1}{8}$	2	"	$\frac{1}{10}$	14 lb	is	$\frac{1}{2}$
2 " 6	"	$\frac{1}{8}$	1	"	$\frac{1}{12}$				7 "	"	$\frac{1}{4}$
2 " 0	"	$\frac{1}{10}$							4 "	"	$\frac{1}{7}$
1 " 8	"	$\frac{1}{12}$							$3\frac{1}{2}$ "	"	$\frac{1}{8}$

図7　1837年4月12日の日付のあるアン・ウィートマンの練習帳の最後の頁
©Photo Mary Walmsley

ンス3/4のとき65フィート3インチ1/4の値段はいくらかの答えを出すのは、彼女にとってそれほど容易なことではなかった。

一八六六年四月からランカシャーのボルトン・ル・サンズにある（本来は少年用に設立されていた）グラマー・スクールの生徒であったイザベラ・ランド嬢は、単純加法から三数法に進むのに一年以上もかかった。一年後、グルースターにある少女のためのルブストン・ホール・グラマー・スクールで、G・ジョーンズ嬢は二〇頁の請求書作成に取り組んでいた。八足の毛織物の靴下は一八六八年七月にジェンキンス嬢が購入した、という例を用いた。

上で選んだ少女の書き写した練習帳は、我々がたまたま作者、学校名、年代を知ることができたものにすぎず、さらに研究を続けなければ、それらが代表的なものかどうかは判断できない。しかしながらそれらは、少女たちの数学教育には実践（ここではエウクレイデス『原論』ではない）が極めて重視されていたことを示唆している。さらに現代の基準からすれば、進度は耐え難く遅く、進歩と退歩の繰り返しであった。それでもこれらの練習帳を書いた少女たちは、とくに前世代の少女たちと比べると、読み書きと計算ができた。

しかしながら初等数学を超え大学教育へと進むと、依然、意志の強さが要求された。自国の教育体制の中で頂点に立とうと奮闘した二人の女性、スコットランドのフローラ・フィリップと、ギリシャのフロレンティア・フントゥークリを比較して本章を締めくくろう。

フローラ・フィリップは、一八九三年にエジンバラ大学を卒業した最初の女子学生の一人であるが、すでにその七年前にエジンバラ数学協会に所属していた。彼女の高等数学教育の大半は、実際には大学から得られたものではなく、エジンバラ女性大学教育協会[*39]を通じてであった。その協会は一八六七年に設立され、〔初等中等〕学校のレヴェルを超え、男子学生が大学で受けるのと同等な教育を女性に与えていた。当初から協会の講義には数学が含まれていたが、数学は「女性の思考領域のまったく外部にある」と反対する者がいないわけではなかった。その目的は、大学で教えられるのと同レヴェルの数学を教えることであったが、女性の多くはそれまでの学校での準備が十分ではなかったので、到達レヴェルは大学の講義ほどは高くはなかった。それにもかかわらず、エウクレイデス『原論』、代数学、三角法、円錐曲線論が教えられていた。女学生の受講者数はしばしばかなり少なかったが、講義録の一つが示しているように、「クラスの熱意と勤勉さによって、受講者数が少ないことは相殺された」。のちになってより高度な上級コースが導入され、そこをフローラ・フィリップは一八八六年無事に卒業し、その年にエジンバラ数学協会に入会した。大学から学位を得る一八九三年以前までには、彼女は協会が設立したセントジョージ女子学校でしばらくの間すでに教えていた。しかしながら同年彼女は結婚し、その後は、学究生活からもエジンバラ数学協会からも身を引くことになったのであった。

一八六九年アテネで生まれたフロレンティア・フントゥークリの経歴は、フローラといくつかの点

*38 英国は一九七一年に十進法に移行し、シリングは廃止され、一〇〇ペンスで一ポンドとなった。
*39 エジンバラで女性が大学教育を受けられるように運動した団体。

で共通している。一八八〇年代にフローラがエジンバラ数学協会で数学を研究していたとき、フロレンティア・フントゥークリはアテネにあるアルサケイオン女子教員養成学校で教師資格を得ていた。後に同学校理事会はフロレンティアに、ベルリンで一年間教育学を学ぶ奨学金を支給した。彼女は次にチューリヒで数学の学位を得るために奨学金の延長を願い出たが、理事会は拒否した（他方で彼女の兄弟ミカエルは数学者となり、後にハンブルクで活躍した）。フロレンティアは帰国し、コルフのアルサケイオン女子教員養成学校で教えたが、同じ頃フローラはセントジョージ学校で教えていたのである。フローラがエジンバラ大学に入学したちょうど一八九二年、フロレンティアはアテネ大学数学科に入学したが、これが「その大学における」女性最初の数学科入学であった。しかしながらフローラとは異なり、彼女は卒業しなかったようだ。そのかわり彼女は、友人イレーネ・プリナリと共同設立し、自分たちで運営したアテネの女子学校で引き続き教えた。一八九九年までに彼女自身はフントゥークリ゠スピネッリと署名しており、このことは彼女がもう一人の教師ルドヴィコス・スピネッリと結婚したことを示唆するが、事実は明らかではない。彼女がちょうど三〇歳代になる前の一八九〇年代後半までに、不幸にして彼女は健康を害し始め、イタリアに行き、そこで暮らしていたが、一九一五年に亡くなった。

フローラとフントゥークリの二人は希望する教育を受けるために格闘せねばならなかった。それでもエジンバラ大学とアテネ大学とは他の大学と比べて進んでいた。ケンブリッジ大学は一九四七年になるまで正規学生としては女性を認めなかったのである。

独学者たち

二世紀前まで世界中のどこでも、ごく少数の女子しか数学教育を受けることはできなかった。しかし、［男子でもこの事情はあまり変わらない。］義務教育で数学が教えられたのは、男子に対してもかなり最近になってからなのである。一七世紀イングランドでは、ウォリスやピープスの話で見たように、学校や大学では入学から卒業まで数学なしの教育を受けることは可能であった。したがって数学に非凡な能力があるか、または数学好きな者は、たいていは独習するのが普通であった。フェルマも同じで、彼はボルドーの友人エチエンヌ・デスパーニェの父が所蔵する本を読んで、当時最も高度な数学を学んだのである。一七世紀最大の数学者の一人アイザック・ニュートンの場合も同じである。ニュートンはリンカーンシャーのグランサムのグラマー・スクールで初等数学を学んだかもしれないが、大半は、一六六〇年代のケンブリッジの学生時代に読書を通して学んだ。ずっと後になって、ちょうど二、三年前にラテン語で再版されたばかりのデカルトの『幾何学』をどのように読んだかを友人に書いている。多くの人は未知の新しい数学テクストを読むことの難しさを理解できるであろう。ニュートンの不屈の自らやり抜く粘り強さを真似ることのできる人はほとんどいない。

彼［ニュートン］はデカルトの『幾何学』を購入し、それを一人で読んだ。二、三頁進んだところで理解できなくなったが、再び読み始め、三、四頁進み、また別の困難に出会ったが、再び読み進み、全体を自身でマスターするまで続けた。

ニュートンの現存手稿から、彼は似たような方法で当時の他のテクストを読み進めていったこと、そしてそこに見出した題材を研究し、先行者たちをはるかに超えた数学を創造したことがわかる。一七世紀にそして一八世紀初め頃には、やる気があれば数学文献を入手して、独習することがまだできた。一九世紀初めになっても、ソフィー・ジェルマンは当時最先端の数学をなんとか独習していたが、彼女はこれが可能な最後の世代に属していた。二〇世紀までには、インド人数学者ラマヌジャンのように、まったく例外的に数学的能力がある天才を除けば、独習はほとんど不可能になってしまった。アンドリュー・ワイルズはもちろん独習はしなかった。彼は何年にもわたり公的教育を受け、今日では公的教育は数学で最も才能ある人にさえにも、数学の問題、技法、習慣を伝えるのに欠かせないのである。フェルマの最終定理のような最先端の問題をほとんど誰もが取り組むことのできた「アマチュア」数学の時代は、過去のものとなって久しいのである。

にもかかわらず、現代の物書きは、天才が独学で最先端の数学研究に取り組む架空の物語を創作し続ける。そういった物語の一つはアンナ・マッグレイルの『アインシュタイン夫人』[*40]で、もう一つはデヴィッド・オーバーンの最近の演劇『証明』[*41]である。双方ともヒロインは数学者の娘で（これは我々が現実生活で見たことのある話の道具立てである）、彼女たちは独学して、父親の仕事の「数学研究を受け継ぎ、」最高レヴェルまで達しようとする。不幸にして現代数学の現実からすると、そういった芸当は今ではまったくありえない。

一体なぜ数学を学ぶのか？

人類は何世紀にもわたって巨大な量のエネルギーを費やし数学を学び教えてきたが、それは「なぜ」なのかと尋ねることは少しひねくれた質問のように思える。しかしながらこの問いへの答えは、時代と共にかなり多様であった。前二〇〇〇年のシュメール語のテクストによると、読み書き計算できることは、公正な社会管理の基本であった。家屋Fの窮屈な中庭の長椅子に座った少年の理想とは幾分離れていたことだろう。

二千年後、一三世紀イタリアの算法学校の少年たちは、バビロニアの同年の少年たちと同様、数、重さ、計測の扱い方を学んでいたが、異なる理由からであった。それは概して社会のためにではなく、彼らが関わる商業活動に活かすためであった。数学の能力が個人にどのような価値を持つのかは、この場合もロバート・レコードの『知識への小径』への序文に見え、そこには幾何学の知識が必要となる具体的な手仕事と職業が長々と書かれている。

しかしながらレコードの書いた作品には、数学を学ぶもう一つの理由も垣間見える。それは機知を磨くこと、つまり精神を研ぎ澄ませることである。このことを指摘したのはレコードが最初ではない。

＊40　未訳。アインシュタインとミレヴァの間に生まれた娘リーゼルを主人公として、創作された話。生まれてすぐに父と別れたリーゼルは父親への復讐から数学を学び、原爆を作ることになる。

＊41　心の病気で亡くなった天才数学者の父親と、同じく数学に天分を発揮した娘キャサリンとの物語。キャサリンは父親の病気を受け継ぐかもしれないという不安の中で、父親の残したノートに重要な証拠を発見するというストーリー。

八世紀の教師アルクインに帰された数学パズル問題集は、「青年を鍛えるための諸命題」と名付けられている。数学は精神を改善するために学ばれるべきであるというギリシャやラテンのような考え方は、その後ずっと引き継がれてきた。なにしろ通常の日常生活で必要な数学、つまり基本的な時間管理や勘定は、子供の頃の終わりまでに大半の人々はおそらく獲得できたであろう。ピュタゴラスの定理、二次方程式解法、角の二等分法が必要な大人はほとんどいないが、大半の人々は、一度はその方法を学んだことがある。外国語を学んだり歴史を研究したりすることも記憶力、推論力、分析力を発展させることに資することに変わりないとされる。しかしこれら外国語や歴史科目は数学ほど高い評判を得ず、英国の学校カリキュラムでは、現在のところ、必修科目というよりは選択科目なのである。

数学が今日の幼児教育すべてに欠くことのできないものとなったのは、おそらく数学の何よりもその継続的に学ぶ必要性による。数学の最前線に進もうとする者は、若い頃から数学の勉強を始め、いつも実践し続けなければならない。これは音楽家を目指す場合と同様である。

第5章 数学者としての生活

新しい分野を打ち立てようとする数学者は、考えたり書いたりするための時間や、ある種の経済的支援が必要である。第1章で出会った人物に今ここで立ち戻ってみよう。どのようにディオファントスが生計を立てていたのかはまったくわからない。おそらく多くの才能ある数学者と同様に教師をしていたのであろう。フェルマ以前の時代に活躍した多くの有名な数学者たちも、数学を教えてはいたが、しばしばそれは副業にしかすぎなかった。ジロラモ・カルダーノとロバート・レコードは医者であり、レコードはまた造幣局や鉱山での仕事が人生の大半であった。ラファエル・ボンベリとシモン・ステヴィンは二人とも建築現場で雇われていた。フランソワ・ヴィエトはフェルマと同様に弁護士で参事官であった。フェルマは「アマチュア」数学者としばしば言われてきたが、当時専門家は非常に少なく、アマチュアという概念には意味がなかった時代に生きていたのである。他方で、ワイルズはれっきとした専門家で、数学をフルタイムで教育研究することで給与を得ていた。

数学者の雇用形態は時代とともに大きく変化した。現代の数学者は教育、金融、産業の分野で働くのが普通で、それらはすべて組織的に設立されたものである。数学に関連する業務に就く者や、おそらく指導力あるいは経理能力を期待して雇われる者もいるが、実際にそのような分野で働いている者はわずかである。紀元後一〇〇〇年では状況は大いに異なる。西洋とアジアの大半では、経済力と政治力が王侯、聖職者、カリフ、武将に集中するようになった。数学を含む知的な能力で生活しようとする者は、経済的支援と保護を与えてくれる十分に力のあるパトロンのもとに身を置くのが賢明な方法であった。そういったパトロンには多くの異なるタイプがあった。本章では、一〇、一一世紀のイスラームが支配していた国々の三人の学者の生涯に、当時いかにパトロンが関わっていたかを見ておこう。

パトロン体制の類型

サービト・イブン・クッラは、現在のトルコとシリアの国境間近のハッラーンという町で八二六年生まれた。人生の前半はそこで両替商として暮らした。彼はムスリムではなく、その土地の宗教サビア教徒であった。ほんの少し前、アッバース朝カリフのマアムーンは、バグダードにギリシャ語、サンスクリット、ペルシャ語のテクストを保存し、アラビア語に翻訳するためバイト・アル゠ヒクマ（知恵の館）として知られる図書館を設立した。サービト・イブン・クッラには、母語のシリア語以外に、ギリシャ語とアラビア語の知識があったので、バグダードの数学者ムハンマド・イブン・ムーサーがビザンツからの帰途ハッラーンに立ち寄ったとき、サービト・イブン・クッラに関心を寄せた。残念ながらこの出会いがいつかはわからないが、サービト・イブン・クッラはまだかなり若かったと思われる。というのも、彼はイブン・ムーサーによってバグダードに招待され、そこでムハンマド・イブン・ムーサーと彼の二人の弟（三人合わせてバヌー・ムーサー［ムーサーの兄弟］として知られている）から数学と天文学の教育を受けたからである。

後にサービト・イブン・クッラは、バグダードで最も尊敬される学者の一人となった。彼は医学、哲学、宗教について著作し、数学と天文学の分野で今日よく知られている。アルキメデスの作品数点をアラビア語に翻訳し、アルキメデスが興味を持った題材である機械学、面積、曲面で囲まれた物体の表面積や体積についても広範に著作した。プトレマイオスの『アルマゲスト』に注釈を加え、球面幾何学や天文学、とりわけ太陽の運動と見かけの高度、月と当時知られていた五惑星の運動について研究した。また彼は『原論』を徹底的に研究した。エウクレイデスの公準の一つである平行

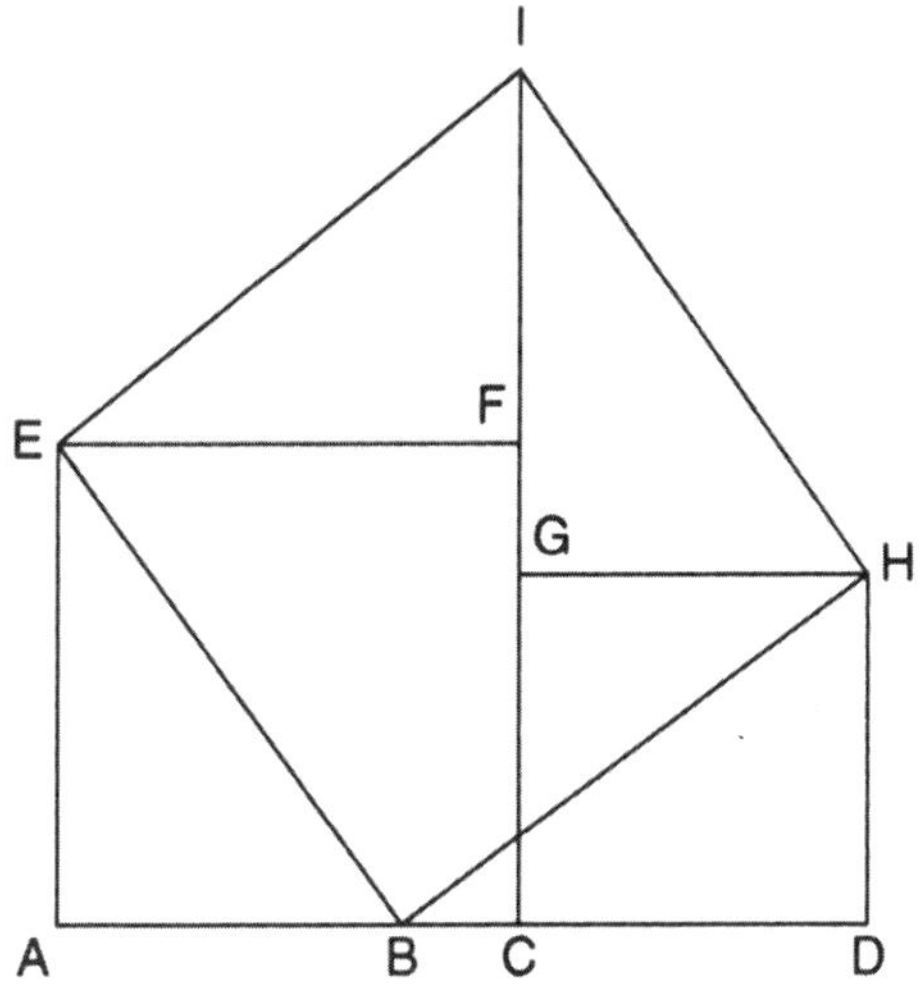

図８　サービト・イブン・クッラによるピュタゴラスの定理の証明：単純な切り貼りで、IHBE＝EFCA＋GHDC であることを示している

線公準に関する彼の試みた証明は、一七世紀にオックスフォードで再び取り上げられた。サービト・イブン・クッラはまたピュタゴラスの定理を自身で証明し、その一つは図8に示されている。

サービト・イブン・クッラはバグダードに住み続け、九〇一年亡くなった。彼は何年もバヌー・ムーサーと交流を続け、ムハンマド・イブン・ムーサーの息子たちを教えた。晩年の一〇年間カリフ、ムウタディドの宮廷に常日頃列席し、カリフとたいへん親しかったので、一二世紀の伝記作家キフティーが述べるには、彼は「望むときにはいつでもカリフの面前に座ること」が許された。後に彼の息子シナーンと二人の孫は独自に著名な学者となった。サービト・イブン・クッラの生涯に、我々は二つの極めて重要な特徴があることに気づくであろう。一つは、友人たちと家族とは教え教えられる関係で、ここではバヌー・ムーサーの家族とサービト・イブン・クッラの家族との結びつきがあげられる。そのような個人的な関係は、今しがた本書の途中で数回にわたって見てきた。サービト・イブン・クッラの時代と場所でより特有なのは第二番目の特徴で、バヌー・ムーサーが最初に与え、後にカリフ自身が与えた庇護と経済的支援とである。

もう一人の学者はビールーニーとして一般的に知られているアブー・ライハーン・ビールーニーである。サービト・イブン・クッラの死後七〇年経過し、イスラーム支配地域の最果ての情勢が不安定になりつつある世界で生まれた。アームー・ダルヤー（オクソス川）の彼の出生地は、今日のウズベキスタンにあり、今日ではビールーニーと呼ばれている。彼は数学者であり天文学者でもあるアブー・ナスル・マンスールから教育を受け、彼と共に人生後半まで仕事をした。青年時代に彼は太陽観測をして、その地の経度を計算していた。しかし九九五年に市民戦争が勃発したので、その仕事を中断し退去せねばならなくなった。後の三〇年間におよぶ彼の広範な活動は、正確な日食観測からうかがい知ることができる。時々彼は今日のテヘラン近郊のカスピ海南部で研究し、そこでその土地カーブースの支配者ズィヤールに年代記を献上したことが知られている。また彼は、最初はサマーン朝の支配者マンスール二世の経済的支援のもと、後には一四年間アブル・アッバース・マアムーンの経済的支援のもと故郷で過ごした。

一〇一七年その地域が今日の東アフガニスタンであるガズニ朝に支配され、この最後のかなり安定した時代は終焉を迎える。ビールーニーは投獄されたようで、その後長年カーブル近郊か南に一〇〇キロメートルほどのところのガズナに住んだ。彼とスルタンであるマフムードとの関係については確かなことはわからない。彼は待遇の悪さに不満を述べているが、後にはいくつかの研究に対して経済的支援を受けた。彼はまたガズナ朝の支配下にあった北インドに旅行に出かけることができ、その地域と宗教、習慣、地理について広範に書き記した。一〇三〇年のマフムードの死以降、ビールーニーは次のガズナ朝のパトロンであるマフムードの息子のマスウードの庇護を受け、さらにマスウードが一〇四〇年に暗殺されてからは、三番目にマスウードの息子マウドゥードの庇護を受けた。ビールーニー自身は一〇五〇年にガズナで亡くなった。

王朝の変遷に振り回された生涯のなかで、ビールーニーは情熱を注いだ学者であり、また多作家であった。彼の作品の半分ほどは天文学と占星術についてで、その他数学、地理学、医学、歴史学、文学の作品がある。不幸にして彼の書いたものはごく一部しか残されていない。

三番目に検討する数学者は、ウマル・イブン・イブラーヒーム・ニーサーブーリー・ハイヤーミーで、オマル・ハイヤームとして西洋ではよく知られている。彼は北西イランのニーシャープールでビールーニーが亡くなってまもなく生まれた。その名前［ハイヤーミー］から、彼は天幕作りの家系出身であると考えられる。このときまでにイランはトルコ系の王朝であるセルジュク朝の支配下にあった。青年時代にハイヤームはサマルカンドに旅行し、そこで彼は方程式に関する重要な作品を書き、それを主任裁判官のアブー・ターヒルに献上した。後に彼はイスファハンで長年過ごし、そこでスルタンであるマリク・シャーとその高官ニザーム・ムルクの経済的支援を受け、天文台で観測し、天文表の編集を監督した。同じ頃サービト・イブン・クッラと同様彼は、エウクレイデス『原論』への注釈も書いた。ニザーム・ムルクが暗殺され、マリク・シャーが亡くなった後の一〇九二年、不幸にしてその天文台は閉鎖された。支配者がさらに変わり、ついにハイヤームはイスファハンを離れた。イスファハンとサマルカンドのおよそ中間に位置するメルヴでいっとき過ごした後、最後にニーシャープールに戻り、そこで一一三一年に没した。

ここで、エドワード・フィッツジェラルドのかなり甘ったるいヴィクトリア調の翻訳からではなく、シャフリアル・シャフリアリの一九九八年の翻訳から、『ルバイヤート』の一節を引いておこう。

太初の神秘を、お前もわたしも知りはしない。

その謎は、これから先も解けぬであろう。
この世の垂れ幕のこちら側でいかに語りあおうと、
幕がおちれば、われらはもうこの世にいない。[*42]

以上の三つの簡単な事例は、中世イスラーム王朝下の数学の実践について言われることに必ずしもすべて触れているわけではないが、少なくとも次の三つの論点を浮かび上がらせてくれる。一つは、数世紀前ギリシャ語で数学を著作した者は東地中海のどこかに見いだされ、今日ギリシャと呼ばれる地域そのものの中にはほとんどいなかったのと同様に、アラビア語で数学に取り組む人々も、アラビア地域そのものではないにしろ、今日のトルコから今日のアフガニスタンまでいっそう広範な地域に散らばっていることである。この理由で、歴史家たちはそういった著作家たちを「アラビア人」というよりはむしろ「イスラームの人」と呼ぶことを好む。しかしサービト・イブン・クッラの例のように、必ずしも皆がムスリムというわけではなく、また彼らの数学著作が彼らの宗教的観点を示しているのでもない。とはいうものの、彼らは皆イスラームの実践と文化とが支配的な社会に生きていたのであり、イスラームの人という呼び方はおそらく他の呼び方よりもふさわしいであろう。

＊42　ここではペルシャ語原文からの次の翻訳を採用させていただく。オマル・ハイヤーム『ルバイヤート』(岡田恵美子編訳)平凡社、二〇〇九、二四頁。なお、英訳のフィッツジェラルド訳からの和訳は、『留盃夜兎衍義』(長谷川朝暮訳)吾妻書房、一九六七など多数ある。

第二の論点は、支配者や王朝が次々と変わる世界では、経済的支援は安定していなかったことである。才能ある少年や若者がその数学能力を認められ育まれるのは、サービト・イブン・クッラやビールーニー両者に関する限りでは、偶然や周囲の事情に依存していた。学者の研究能力や旅行の可能性は、いつか失脚するかもしれない支配者の趣味と経済的支援に大方依存していた。敵対する王朝のパトロンが興味を示し、その経済的支援を受けたという点でビールーニーはとくに異色である。そのような難しい状況もかかわらず、これらの学者たちは多様な成果を次々とあげていった。天文学と占星術について書いた者は、また球面幾何学や三角法、あるいはエウクレイデス『原論』や他のギリシャの著作家、あるいは算術、代数学、地理学、歴史学、音楽、哲学、宗教学、文学について書くこともあった。

最後の論点は、以上のようなパトロンとの協定にあるのは何であるのかという問いである。それぞれまったく異なり、「支援」とここで記述した関係をひとくくりで示す単一の単語はイスラーム社会にはない。すでに中国やヨーロッパの場合で見たように、支配者たちはしばしば、慶事の期日を計算する数学に秀でた者に価値を置く。支配者のもとでうまく仕事をして支援を得て、長期にわたり恒久的な手当を望む学者もいた。他方で、支配者にとって知的能力のある者を雇用し交流を持つことは、自尊心の源であり威厳の印であった。

一二世紀末頃から学者たちは、寄付で設立された教育施設、つまりマドラサで有給の職を得ることも増えてきて、個々の支配者の気まぐれや趣味に左右されることは少なくなった。こうして経済的支援を受けるという立場から、専門家として雇用される立場への移り変わりをより厳密に検証するため、少し後の時代のイングランドに戻ることにしよう。

経済的支援からプロ意識へ

イングランドの一五八〇年から一六二〇年までの四〇年間は変化の時代であった。経済的支援は存在しつつ、そこには公的に責任のある有給職が生まれる最初の動きの兆候もあった。トマス・ハリオット、ウィリアム・オートリッド、そしてヘンリー・ブリッグスの職歴は、当時のイングランドでは、数学の才能ある者には可能性と機会とが開かれていたことを示している。

一五六〇年に生まれたトマス・ハリオットは、一五七七年にオックスフォード大学で学び、もしかすると一五八〇年まで在籍していたかもしれない。彼は数学の学位を受けていないが（当時はそのようなものはなかった）、チューターから、あるいは読書を通じて数学を学んだようである。探検家リチャード・ハクリュートによるオックスフォード大学の講義に出席していたことから、探検や航海術に関心を持っていたことがよくわかる。一五八〇年代にハリオットは、当時アメリカを植民地化することにたいそう関心を示していたウォルター・レイリーの経済的支援を得るようになった。一五八五年ハリオットは、レイリーから支援を受け、今日のノース・カロライナの沿岸に一年間探検航海した。これは失敗に終わったが、これによってハリオットとその友人ジョン・ホワイトは、その地の多くの有益な情報と、人々、植物相、動物相を描いたスケッチを持ち帰ることができた。不幸にして喫煙の嗜好を持ち帰り、それによって彼は結局亡くなってしまった。

旅行の前にハリオットは、レイリーの誘いを受け船員に航海術を教えることになった。ただし彼の書いたテクストは失われてしまった。帰還してからも彼はレイリーの経済的支援を受け続け、最初アイルランド（投機していたもう一つの植民地）のレイリーの地所、後にレイリーのロンドンの住宅、テムズ川河岸のダーラム・ハウスを受け取った。ハリオットが早い時期に、金属の玉と蝋の玉を用い落下運動の実験をし、落下の割合を比較したのはこのダーラム・ハウスの屋根からであった。ハリオットはレイリーが一六一八年に処刑される直前まで彼と親密な関係にあった。それはレイリーの断頭台で最後に演説した記録が、ハリオットの個人的な数学テクストの中に残っているからである。他方で一五九〇年代初期までにハリオットは、今度はノーサンバーランドの九代伯爵であるヘンリー・パーシーの経済的支援も受けた。ハリオットは、ロンドンのパーシーの家、つまりテムズ川河畔のミドルエセックスにあるサイオン・ハウス、そしてサセックスにある田舎の家、つまりペトワース・ハウスで残る三〇年間を過ごした。不幸にしてハリオットのパトロンは、二人とも当時の政治的宗教的緊張をうまく切り抜けることができなかった。レイリーと同様パーシーは長年ロンドン塔に監禁されていた。にもかかわらず彼は、ハリオットに好きな研究ができるようにと十分な資金と自由とを与えたのであった。ハリオットは決して航海術の諸問題への関心を失せてはいなかったが、のちにまた天文学に戻り、ガリレオと同じ頃望遠鏡を用いて太陽黒点や月のクレーターを観測した。オックスフォードの友人の一人ナサニエル・トーポリーを通じて、彼はヴィエトの数学作品（後にフェルマに大きな影響を与えることになる）をなんとか入手し、当時フランスで展開し白熱していた新しい数学のアイデアを評価し拡張することになる。この点で世界初の、そしてもちろんイングランドでは確実に最初の人物となった。

ハリオットは発見を何も公表しなかった。個人的に安定した収入があったので、自分の発見であることを主張することも、そこから収入を得ることも必要なかったからである。彼はアイデアを彼自身の仲間内では議論したけれども、教育機関で教えることはなかった。ある面で彼は直接の影響をほとんど与えなかったのである。したがって彼はガリレオが後に関わった知的トラブルの類を引き起こすことはなかった。他方で彼は好きなことを研究できたので、広範な分野を探求することができ、なかにはかなり専門的なものもあり、重要な研究結果に導くことができた。これを言い表す今日の英語は「明確な目標のない研究」（blue skies research）である。ハリオットの作品はもちろん失われる可能性もあったが、幸いにして彼は当時の人々の間で評価されていたので、一六二一年の死後も彼の文書は保存され、そこに含まれるアイデアのいくつかは長年継承者たちに回覧された。この意味では彼は、半世紀後に巣立つことになる王立協会が特徴とする、数学的議論と数学・科学研究重視双方の姿勢を、間接的にではあるが助長したと言えるのである。彼はたいそう評価されていたので、王立協会は最初の一〇年間、一度ならずハリオットの残された論文を厳重に調査するように働きかけた。

ハリオットほどは創造的ではないが、後のイングランドの数学発展にいろいろな意味で同様に重要であったのはウィリアム・オートリッドである。彼は一五七三年に生まれたのでハリオットよりわずかに若いが、ハリオットより約四〇年長生きした。一六一〇年あるいはそれより早くからオートリッドはサリーのアルベリーの聖職者であった。彼はときにロンドンを訪問することはあっても、その後ずっとその地を決して離れることはなかったようである。彼は子供向けと大人向けの双方の数学教師として有名になった。ハリオット同様、彼にも貴族のパトロンがいた。それはアルンデル伯爵トマス・ハワードで、伯爵の土地はアルベリーから数マイルしか離れていないウェスト・ホースリーにあった。オートリッドはその地のジェントリー［イギリスの地主化した下級貴族］の息子たちと同様ハワードの息子ウィリアムにも教えた。ハワードを通じて彼はその家族の親戚の一人、当時のイングランドの数学で最も重要とされていたチャールズ・キャヴェンディッシュ卿にも出会った。キャヴェンディッシュ卿は数学がとくに得意というわけではなかったが、どういうわけか数学に魅せられ、最新の書籍と論文を貪欲に収集し、さらに理解しようとしていた。たとえばハリオットの死後、「私には理解できるか疑わしい」とは認めつつも、ハリオットの手稿をすべて書き写していた。以前トーポリーがヴィエトの仕事をフランスからハリオットにもたらしたように、ヴィエトの仕事をフランスからオートリッドにもたらしたのはキャヴェンディッシュ卿なのであった。

オートリッドをせかして最初の教科書を書かせたのもキャヴェンディッシュ卿で、その作品は一四歳の生徒ウィリアム・ハワードに献上された。一六三一年の初めに出版されたその本は、そのタイトルの短縮型『数学の鍵』で知られるようになり、何度も出版され、ラテン語では五回、英訳は二回出版された。内容は初等的で、算術と幾何学の入門であるが、その頃はほぼ一世紀前のレコードによる初期の教科書しかなかったので、なにか新しい教科書が必死に求められていたときであった。何年かの市民戦争後にオックスフォード大学に新しい教授職が設置されたが、その教授たちはオートリッドの生徒かあるいは読者であったので、直ちに『数学の鍵』がオックスフォード大学に導入され、それはその大学で出版されることになる最初の数学書となった。一七世紀の重要な数学者の大半、そしてそうでない者も多くが最初に手にしたのは『数学の鍵』であり、クリストファー・レン、ロバート・フック、アイザック・ニュートンがそうである。こうしてオートリッド自身数学を特段発展させたわけでは決してなく、また比較的初等レヴェルでしか教えることはなかったけれども、近代初期イングランドにおいて、ハリオット同様、数学の専門化の普及と展開を間接的にではあるが助長したのである。

しかしながらハリオットもオートリッドも、彼らの仕事を助長した三人の貴族、ヘンリー・パーシー、トマス・ハワード、チャールズ・キャヴェンディッシュ卿の支援なくしてはできることもできなかった。後にキャヴェンディッシュ家の一人は、彼の名前を取ってケンブリッジ大学の研究所をキャヴェンディッシュ研究所と命名したけれども、パーシー家とハワード家は一般には科学や数学とは結び付けられていない。にもかかわらず、これら三人が与えた信用と知的支援・経済的支援がなければ、その後に影響を与える規模の数学共同体が一七世紀前半にイングランドで生じるのには、はるかに時間がかかったであろう。

と同時に、また逆に、当時の他の展開を見逃してはならない。一五九七年に商人で投資家のトマス・グレシャムの遺産が七つの公開講座（一週間毎日一講義）開設の資金になったことである。それは天文学、幾何学、自然学（医学）、法学、神学、修辞学、音楽である。グレシャム・カレッジ（今日まで引き続き公開講義を提供し続けている）はロンドンの数学共同体を強化するのに独自の役割を果たした。一六五〇年代を通じて講義終了後開催された会合がもとになって、数年後、王立協会が設立されることになったからである。グレシャム公開講義の設立から二〇年して、ヘンリー・サヴィルはオックスフォード大学に幾何学と天文学の講座を設置した。とりわけ最初のグレシャム・カレッジ幾何教授ヘンリー・ブリッグスは、オックスフォード大学の最初のサヴィル幾何学教授にもなった。

ヨークシャーのハリファックス出身のブリッグスは、ハリオットとほとんど同年であり、ハリオットがオックスフォード大学に入学登録したのと同じ一五七七年、ケンブリッジ大学のセントジョンズ・カレッジに入学した。しかしながらブリッグスはハリオットとは異なり、一五九七年にグレシャム・カレッジに移籍するまで、ケンブリッジ大学では最初は医学、次に数学を教えていた。彼はそこで二〇年間とどまり、その後オックスフォード大学のサヴィル幾何学教授になり、亡くなる一六三〇年までその地位にいた。

ブリッグスとハリオットは魅力的な組み合わせである。この時代の数学史でまだ答えが得られていない興味をそそられる問題の一つに、彼らが出会ったことがあるかどうかというのがある。彼らは出会ったはずなのである。一六〇〇年前後ブリッグスはハリオット同様、航海術の問題にたいそう関心を持っていた。一六一〇年ハリオットが太陽黒点を観測しているとき、ブリッグスは日食について研究していた。ジョン・ネイピアが一六一四年、対数に関する「素晴らしい発見」を出版したとき、ハリオットとブリッグスとは双方ともまもなくそれを知ることとなった。ブリッグスはすぐさまネイピアに会いにスコットランドまでおもむき、ネイピアがさらに仕事をするのを助けた。ハリオットはもはや長期の旅行をすることができないほど深刻な病気にかかっていた。それでも対数に関して書き留めており、ネイピアの仕事とハリオット自身以前手がけた多くの仕事とが関係あることを理解していたことはほとんど間違いない。

ブリッグスは、ハリオットともネイピアとも長く実りある会話を交わすことができただろう。そのことが容易に起こりえた可能性があるのは、ハリオットの晩年の二〇年間、彼らは互いにそう遠くないところに住んでいたからである。ハリオットはサイオン・ハウスに住み、ブリッグスはハリオットがレイリーとパーシーを定期的に訪れたロンドン塔から一マイルしか離れていないビショップゲイト近くに住んでいた。しかしながら彼らの生き方が同じであったという証拠は何も見つからない。彼らの仲間たちや影響の範囲はまったく異なっていた。ブリッグスは公的機関で雇用され、他方ハリオットは個人的に在宅で仕事をしていたからである。ブリッグスの「ヴァージニア大陸を通って南海に至る北西航路」についての論文は確かにハリオットの興味を引き、ハリオットが亡くなった年の一六二二年に発行され、またブリッグスの『対数算術』もようやく一六二四年になって公刊された。一六二〇年代を通じてブリッグスはハリオットの友人ナサニエル・トーポリーと交流するようになり、いくつかのハリオットの論文が公刊される予定があることを知ってはいたが、ブリッグス自身は一六三〇年に亡くなり、ハリオットの作品である『解析学の実践』が出版されたのはその後であった。ハリオットとブリッグスの生涯から、古い習慣と新しい生き方の的を射た対比が見えてくる。支配者からの経済的支援を受ける学者と、見返りに求められる教育機関で教育するという専門的数学者との対比である。もちろんそれ以後に来るのは後者である。

学術機関、出版物、会合

ジョセフ゠ルイ・ラグランジュは一八世紀最大の数学者の一人である。彼の生涯は、ブリッグスとハリオットの死後の西欧一五〇年に活躍した、才能ある数学者に開かれた新しい可能性を代表している。ラグランジュは一七三六年トリノのフランス系イタリア人の家に生まれた(彼の洗礼名はジュゼッペ・ロドヴィーコ・ラグランジアであった)。一七歳で数学への嗜好を見出し、二年後にトリノの王立砲兵学校の教師に任命された。そのときラグランジュは故郷で家族とともに住んでいたが、知的には彼はすでにはるか離れたところに移り始めていた。教師職を得る直前ラグランジュは、何点かの論文をベルリン王立アカデミーの数学主任であったレオンハルト・オイラーに送った。さらに続けてオイラーに書簡を送ったところ、そのことですぐさまラグランジュはそのアカデミーの海外会員に選ばれることになった。また同じ頃、彼と他の人々は自分たち自身の科学協会をトリノに設立した。一七五〇年代には西洋の都市でそのような多くの科学協会が設立され始めたが、これはその一つで、現在のトリノ科学アカデミーの前身である。

科学協会とアカデミーの誕生は一八世紀知性史の重要な特徴の一つである。ロンドンの王立協会は一六六〇年、パリのアカデミ・デ・シアンス（王立科学アカデミー）は一六六六年に設立され[*43]、プロイセン科学アカデミーがそれに続き一七〇〇年に設立され、それは一七四〇年にはベルリン王立アカデミーとして再編成され、他方サンクトペテルブルク科学アカデミーはパリをモデルにして一七二四年設立された。これらの学術機関は数学者と科学者をわずかに雇用した。より重要なのは、彼らの定期的会合が新しい研究の発表と討論を公開する場となったことである。この会合で発表された論文は後にアカデミーの『紀要』『覚書』で発表された。この過程には時間がかかったが、その結果生まれた雑誌は最終的にヨーロッパ中の読者に回覧され、アカデミーの雑誌の論文を通じて多くの重要な意見交換が行われたのである。ラグランジュは初期の研究の大半を、トリノで彼自身が設立した協会の雑誌である『トリノ哲学数学雑録』で発表した。

またパリのアカデミーは解答期間が二年間の懸賞問題の伝統を打ち立てた。ラグランジュは一七六四年の懸賞問題（なぜ月は同じ面を向けるのか）と、一七六五年の問題（木星の衛星の運動について）で、彼は賞を得た）に解答を送った。こうして彼はこのときまでにヨーロッパの指導的数学者に知られ尊敬を受けていた。たとえば以前『百科全書』の科学部門の編集者であったジャン・ル・ロン・ダランベールは、彼にトリノとは別の職を見つけるのに骨を折った。一七六六年オイラーはベル

*43　テクストは一六九九年を設立の年とするが、正確には、設立されたのは一六六六年で、王立と認定されたのが一六九九年である。したがってテクストの一六九九年を一六六六年に訂正した。

リンを離れ、サンクトペテルブルクに向けて出発し、ラグランジュの職をロシアで確保した。にもかかわらず、ラグランジュはそれではなく、オイラーのかつて就いていたベルリン王立アカデミーの職のほうを選んだ。

ラグランジュが二〇歳になる前に始まったオイラーとラグランジュとの長い交流関係は、こうして親密であったが、また距離を置いた冷静な関係でもあり続けた。一八世紀の最も多作である数学者オイラーは、次々と聡明で直感的なアイデアを提案したが、そのアイデアを処理するのに必ずしも執着することはなく、想像力がおもむくまま次の関心へ移っていくのであった。オイラーの跡を始終追い、途中までなされた仕事を確固たる美しい理論に仕上げたのはラグランジュであった。とはいえ二人は実際には会ったことはまったくなかった。実際ラグランジュはいつもオイラーを年上の先輩とみなし、遠慮して距離をおいていた。一七六八年のパリの懸賞問題（月の運動について）では、オイラーと直接競い合うことは避けた。ただし彼らは同じテーマの一七七二年の懸賞問題では最終的に賞を分け合った。ラグランジュはベルリンに二〇年間とどまり、その間もっぱら（フランス語で）アカデミーの『覚書』に論文を発表した。

ベルリン王立アカデミーを強力に支援していたフリードリヒ大王の死去に伴い、ラグランジュはもう一度、今度はパリのアカデミーに移籍し、一七八七年パリに到着した。二年後革命でフランスのすべての機関は混乱に陥ったが、この期間中もラグランジュは冷静さと信用とをなんとか保ち続けた。一七九五年王立科学アカデミーが廃止され、国立学士院に置き換わると、ラグランジュは物理・数学部門の部長に選出された。同じ頃、適切な訓練を受けた教師とエンジニアが差し迫って革命に必要とされ、そのための新しい機関が設立された。とりわけ一七九四年のエコール・ポリテクニク、一七九五年の教師養成のためのエコール・ノルマル（高等師範学校）である。ラグランジュは両方で教えた。エコール・ポリテクニクは一九世紀初期のパリで最も権威ある教育機関となった。学校レヴェルを超えた数学を学んだ者は、誰しもラグランジュ、ラプラス、ラクロワ、フーリエ、アンペール、ポアソン、コーシーの名前をまずは確実に知っているであろう。彼らすべてはエコール・ポリテクニクで教えたことがあるか、そこで若い時分に教育を受けたことがあるかのどちらかなのである。さらにエコール・ポリテクニクは講義ノートを「カイエ」という名前で出版し、それはフランス中で、とくに志願する学生に教科書として用いられた。

ラグランジュは一八一三年に亡くなった。彼の経歴の最初の三分の二の時代、トリノとベルリンで彼はそれぞれの国立アカデミーとその雑誌に貢献し、またそこから恩恵を受けた。それらの機関は新しい研究を創造し広めるのに多大な貢献をした。パリでの晩年ラグランジュは、最も能力ある学生に高いレヴェルの数学と科学を訓練することを目指した新種の機関が誕生するのを見ることになる。大学とは異なりエコール・ポリテクニクは緻密に焦点を絞り、実践的な教育を提供した。その卒業生たちは、革命とその後のナポレオン帝国で得られた成果を強化することができた。

制度の歴史が個人には関係しないと思われるといけないので、ラグランジュの生涯を通じて貫通する密接な個人的関係、とくにオイラーとラグランジュとの関係を見失わないように注意しよう。ラグランジュの支援を受け、家族ぐるみの友人であったオーギュスタン＝ルイ・コーシーは、ラグランジュが亡くなったときには長い経歴が始まったばかりで、一八五七年の死までフランスの指導的数学者であった。一七世紀後半のライプニッツからベルヌーイ家とオイラーを通じ、一九世紀中頃のラグランジュとコーシーに至るまで、西洋数学には個人的な友情関係と共同研究の連続した鎖を辿ることができる。

ラグランジュの生涯で、初期の生活の場はベルリンであった。彼が亡くなる頃までにベルリンでは変化が生じ始めていた。ヴィルヘルム・フォン・フンボルトは、集められた知識を伝えるのみならず、新しい研究を鼓舞し促進させるための機関として一八一〇年にベルリン大学を設立した。ドイツの大学教授は決定権があり、学部の管理や指針を自由に決めることができた。研究グループ、ゼミ、博士課程の教育は皆一九〇〇年以前のドイツの大学で確立され、多かれ少なかれ今日では世界中の大学がそれを倣っている。アカデミックな数学者は皆この意味で一九世紀ドイツの産物なのである。そしてアンドリュー・ワイルズもその中にいた。

数学研究の出版にも変化が生じた。一七、一八世紀には数学論文の主たる表現手段はアカデミーの雑誌であった。王立協会の『哲学紀要』に一六六八年に出た最初の数学論文は、会長ウィリアム・ブラウンカーが執筆したものである［「有理数の無限列を用いた双曲線の求積」］。この論文はたった六頁の長さで、「化学、医学、解剖学の項目」と「毎年の高潮の変化」についての編集者への書簡、新刊本紹介記事の寄せ集めと並んで掲載されていた。雑誌は後にはより整理されるようになった。たとえば『学術紀要』（*Acta eruditorum*）は、医学、数学、自然哲学、法学、歴史、地理学、神学に関して別々の章に分かれるようになった。しかし一八世紀を通じて科学雑誌は広範な分野についての論文からなり、数学はその中の一分野にすぎなかった。

数学のみに限定した最初の雑誌『純粋数学と応用数学年報』は一八一〇年フランスでジョセフ・ジェルゴンヌが設立編集し、「ジェルゴンヌの雑誌」として知られるようになった。当時までいかなる意味でも存在しなかった「純粋」数学と「応用」数学との区別がここで初めて現れたことに注意せよ。ジェルゴンヌの雑誌は一八三二年までしか続かなかったけれども、その時までには同じタイトルを持つ同様のドイツ語の雑誌が、アウグスト・クレレによって一八二六年に出版された。この『純粋数学と応用数学のための雑誌』（クレレの雑誌）は今日でも刊行され続けている。ジェルゴンヌの雑誌に置き換わったのは、ジョセフ・リウヴィルが一八三六年に最初に編集した『純粋数学と応用数学のための雑誌』（リウヴィルの雑誌）である。数学雑誌の出版はそれ以降隆盛になり増大し続けている。今日では数学全般を扱う雑誌はなく、各分野に特化している。私が好きな雑誌の一つは、『逆問題・不良設定問題の雑誌』（*Journal of Inverse and Ill-posed Problems*）であるが、他にも数多くある。

専門化した機関、入学試験、長期の訓練、専門雑誌、専門学会、定期的な会合や会議は、数学を含む今日のすべての専門分野の顕著な特徴である。国際会議あるいは国内会議でさえもラグランジュの時代には存在しなかったが、それらはもちろん今日では存在し、すべてのアカデミックな数学者はそれに少なくともいくらかの時間を取られることになる。とくに数学者たちはいつも互いの重要な誕生日を祝い、これは数学の分野の強力な社会的結束力のもう一つの印なのである。

第一回国際数学者大会は一八九七年チューリヒで開催され、西洋の数カ国とアメリカ合衆国からの代表者が参加した。第二回は一九〇〇年パリで開催され、これは万国博覧会と同時開催で、ドイツの数学者ダーフィド・ヒルベルトの講演でよく知られている。そこで彼は数学者たちに新しい世紀に解いてもらいたい二三問の概要を述べた（ただしフェルマの最終定理の証明はそこには含まれていない）。一九〇〇年以降第一次世界大戦と第二次世界大戦の期間を除き、国際数学者大会は四年毎に開催されている。しかしながら一九二〇年代にはドイツ、オーストリア、ハンガリー、トルコ、ブルガリアの数学者は締め出され、またその方針に反対する他の数学者たちも欠席したので、これらの大会が「国際的」と呼びうるかどうかについては論争がある。

大会を主催した都市を見ると、数学研究がますますグローバル化していることがわかる。一九六〇年代まで大会はすべて西欧、カナダ、アメリカで開催されたが、一九六六年の大会はモスクワで、一九八二年にはワルシャワで開催された。国際数学者大会を主催したアジア最初の国は一九九〇年の日本で、二〇〇二年の中国、二〇一〇年のインドがそれに続いた。ワイルズが故郷の都市ケンブリッジでフェルマの最終定理の証明を公表したとき、その場には多くの聴衆者がいた。北京、マドリッド、ハイデラバード、そして最近の三つの大会の開催地［日本、中国、インド］に住む同類の聴衆者にもまったく同じように容易に伝わった。数学は今や高度に専門化された分野であるのみならず、完全に国際的な分野なのである。

我々は今や、「数学」と「数学者」という言葉と結び付けられるようになった、強い結束力のある専門家集団としての数学のピラミッドの頂上に到達している。しかしながら、学校の生徒から始まり数学を日頃実践している人々までの人数と比較すると、この専門家集団はちっぽけで、そこに含まれる女性の数はさらにずっと少ない。なぜ女性がいまだに過小評価されているのか不思議である。この問いに答えることは決して容易ではないが、大半の専門領域と同じように、取り決めは男性が男性のために作ったということを思い起こすべきである。ピラミッドの頂上の空気は希薄で息苦しく、そこにはかならずしも気の合う同士がいないことに気づく女性もいるかもしれない。エリートの数学の歴史記述をエリートの歴史家に任せると、事態はほとんど変わらない。数学自体が多くの現れ方をしてきたように、数学者は多くの生き方をしてきたのである。他の数学者よりもより価値がある正しい生き方をした数学者などというのは存在しないのである。

第6章

数学内容に入る

今まで私は、数学のテクニカルな面をあまり多く議論することは避けてきたし、本章でも、それらに入り込むことはしないつもりだ。しかし数学史家は、過去に書かれた数学テクストの社会的文脈だけではなく、それらの数学内容にもできるだけ密接に関わる運命にある。このことは、言うは易し行うは難しである。過去の数学は、あるレヴェルからすると、今日の大学生が学ぶ内容に匹敵する。一般に歴史家にとって難しいのは、数学自体を理解することよりも、自分とは異なる時代に生きた人々の、精神と数学的思考領域に入り込むことなのである。

例として、本書で何度も取り上げてきたピュタゴラスの定理について少し考えてみよう。エウクレイデスによるその定理の証明は図9に描かれている。直角三角形の三辺上に正方形が描かれ、最大の正方形が二分割され、それらの各々が二つの小さい正方形の一つに等しいことを示している。詳細は一八四七年オリヴァー・バーンが、図10のようにカラーで明確に示しているが［四色で示されている］、その証明にはほとんど説明がない。この証明の主要点の一つは、どのように描いても任意の直角三角形に適用できることである（実際、デイヴィッド・ジョイスのウェブ・サイトの説明によれば、直角を保つかぎり、もとの三角形を好きなように押したり引いたりしてもかまわない）。要するに、この証明は個々の計測値には依存しないのである。そこには算術は含まれず、もちろん代数もない。これは『原論』のスタイルを完全に守っている。エウクレイデスは読者に定規とコンパスのみを許し、計算器は許さなかったのである。

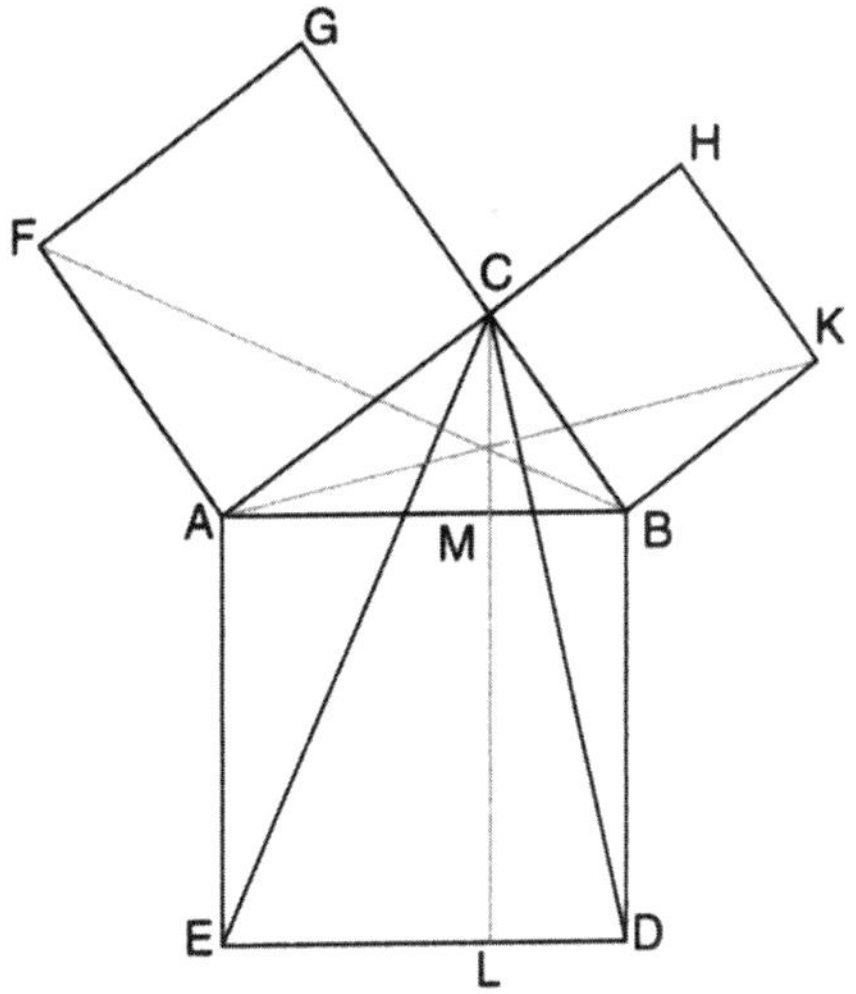

図９　ピュタゴラスの定理のエウクレイデスによる証明：AFGC=AMLE、CHKB=BDLM

図８で示したサービト・イブン・クッラの証明も、切り貼りの幾何学に依存し、大きな正方形が二つの小さな正方形を覆うことができることを示している。エウクレイデスとサービト・イブン・クッラにとって、定理とその証明の双方の背後に内在したのは幾何学的直観なのである。

さて三角形の辺をa, b, cとし、$a^2 = b^2 + c^2$と書く今日の方法を考えてみよう。これはエウクレイデスが心に描いていた定理を示しているのであろうか？　ある意味では、然りである。辺

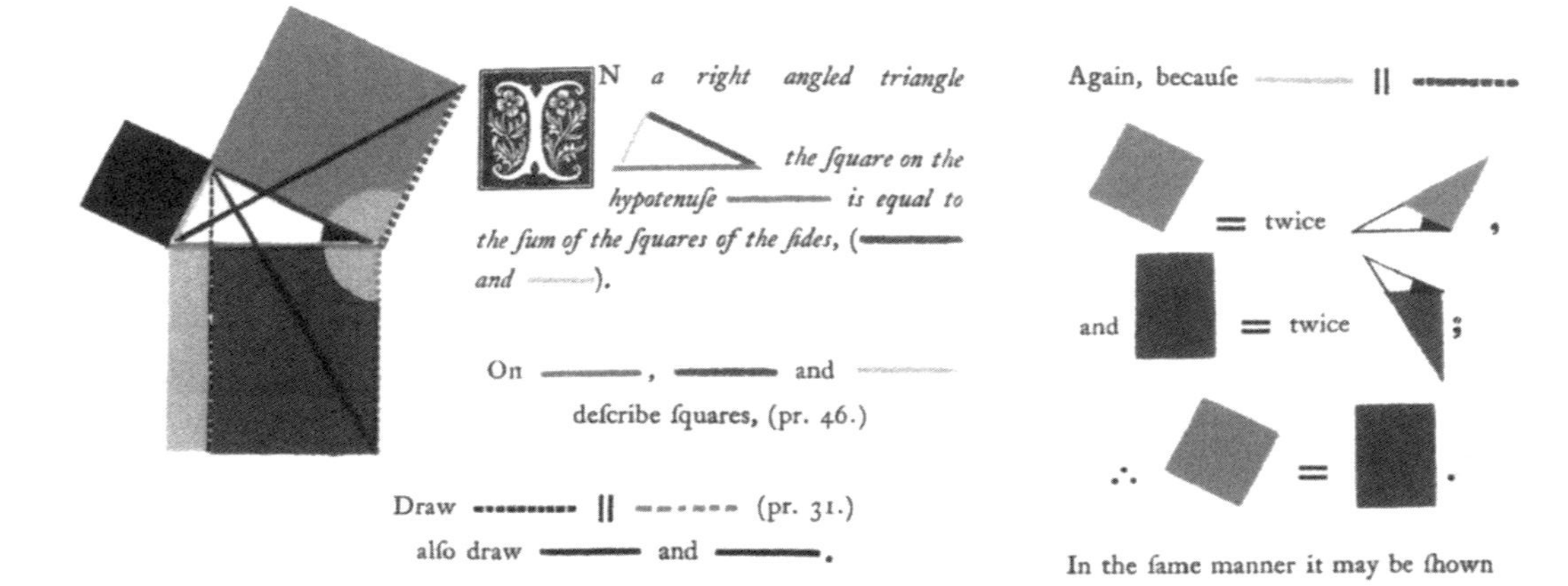

図10　オリヴァー・バーンによるピュタゴラスの定理の証明 ©Wikipedia Commons

aの正方形の面積はa^2であることを我々は知っているので、その公式は幾何学的事実を要約するまさしく非常に簡便な方法である。言語にはまた連続性もあるが、それは英語では、量a^2と、正方形という幾何学図形の双方に対して同じ単語 square を用いるからである。しかし他の意味では、否である。先の公式はエウクレイデスのものとはまったく異なる数学文化に由来する。そこでは、文字が長さを示すようになされていることを我々は知っているので、幾何学については忘れてもかまわず、文字を独自の規則にしたがって扱えばよい。したがって、もし望むなら、上記の公式を$c^2 = a^2 - b^2 = (a - b)(a + b)$と書き直すこともできる。しかしこの式は正しいが、もはや直角三角形とはまったく関係ない。

［直観的な］幾何学的洞察から［形式的な］代数的操作へ移るのは容易なことではない。というのも、移る方法を学ぶ努力がいくらか必要だからである。歴史的には、幾何学の支配する数学文化から、代数学の言語が上位にくる数学文化への移行は、一七世紀の西欧で生じた（フェルマは代数学の可能性を試した初期の数学者の一人であるが、また伝統的手法からの離脱に関しては厳しく不平を漏らしてもいた）。歴史家たちはこの時期を集中的に研究してきたが、それはそのときの変化が現代数学の展開に決定的であったからである。ピュタゴラスの定理の代数学バージョンを幾何学バージョンと本質的に同じとみなしてしまうと、それらの間に存在する歴史的深い溝を無視してしまうことになる。その溝は、多くの人々が努力して考え、それらが合わさってはじめて超えられるのである。

再解釈

今見てきたのは数学的再解釈の事例で、この場合、幾何学的定理を代数的に解釈したものである。多くの数学者たちが取り組んでいるのはまさにこのことである。実際自身か、あるいは誰か他の数学者が以前おこなった仕事の一部を取り出し、それを探求し、拡張し、条件を変えて試みることは、数学者が数学を展開する主要な方法の一つである。しかしながら、数学者自身が古い数学を書き直すことと、歴史家がそれを書き直すこととは別物である。ディオファントスの『算術』がルネサンス期ヨーロッパで再発見されると、それをもとにして次々と新しい問題が作られていったが、そこでは何らかの方法で数学的にも、歴史的にも再解釈されるのである。では最初に数学的再解釈を見ておこう。

フェルマがディオファントス『算術』第二巻問題三の次数を平方、立方、さらにそれ以上の次数へと拡張したことはすでに見た。ここではもう一つ、今度はイングランドの数学者ジョン・ペルによってディオファントスの他の問題が一七世紀初期にどのように再解釈されたのかを見ておこう。ペルは一六一一年サセックスのサウスウィックに生まれ、ハリオットやオートリッドの二人（第5章参照）と同じ頃の人物であるが、五〇歳ほど若い。彼はまずサウスウィックの北からわずかしか離れていない新設のステイニング・グラマースクールで、次にケンブリッジ大学のトリニティ・カレッジで教育を受けた。その後サセックスに戻り、チチェスターの実験学校*44でその学校が数年後に廃止されるまで教えた。次にペルは有給ポストやパトロンを探すことに明け暮れることになるが、彼のかなり特異な気質にふさわしいものは何も見つからなかった。一六四三年末になって彼はアムステルダムのギムナジウムで採用され、二年後にはブレダの名門学校[*45]で採用され、そこで一六五二年までとどまった。

この時代ペルはディオファントスに多大な関心を示していた。このことは、ペルが一六四〇年代までにはチャールズ・キャヴェンディッシュ卿（第5章）の知遇を得て、ペルがオランダにいた間、二人がずっと文通していたことからわかる。彼らは独自の数学の庇護関係にあった。キャヴェンディッシュ卿は数学書を読んでどんなに努力しても理解できないときペルに援助を求めると、ペルはきちんと応えてくれた。キャヴェンディッシュ卿はペルの能力を明らかに高く買い、多くの重要な本、そしてペルが「私はそれを理解することをとても切望する」と書いたディオファントスの本を新しく編集出版することを期待していた。不幸にしてペルはほとんど病的で、何も終えることができず出版もできなかったが、彼がそのような編集本について少なくとも研究し始めた証拠がある。

その証拠はペルの大部のノート（何千頁にもなり、製本され、大版三〇巻を超え、現在大英図書館に保管）に見える。ペルがディオファントスに大変興味を示した理由は、ペルが『算術』の問題にとてもふさわしいと考えた問題解法を発展させたからである。その方法は以下のようなものである。最初、問題に対して、未知量と与えられた条件とを数直線上に指定せよ。次に、条件から始め、求める答えに体系的に至るように作業せよ。作業が適切に進むことを保証するために三列に分け、狭い中央

＊44　一六三〇年ハートリブがピューリタン向けにチチェスターに設立した学校。
＊45　ラテン語で schola illustris と言い、オランダのブレダでプロテスタント文化を統合し、牧師、官僚、軍人を養成するため設立された高等教育機関。神学、哲学、数学、法学が教えられ、科学者ホイヘンスも学んだ。

の列に手順番号を書き、左側の列は簡単な操作を示し、右側の列はそれを行った後の結果を示す。全体の見た目は、今日のコンピュータのアルゴリズムにそっくりである。

この方法が古代のディオファントスの作品にいかに適用できるかを見るため、『算術』第四巻問題一のペルによる変形を見ておこう。その和が与えられた数となり、その立方の和がもう一つの与えられた数となる二数を求める問題である。ディオファントスは二数の和は10で、それらの立方の和が370である場合を解いている。この問題は後に若きアン・ダヴェナントが父の指導下に行った研究とほぼ同じである。ペルは自身のユニークな方法で解いた。彼の最初の二行は次であり、そこで彼は未知数を a, b と呼んでいる。

$$\begin{array}{l|c|l} a = ? & 1 & aaa + bbb = 370 \\ b = ? & 2 & a + b = 10 \end{array}$$

次に、ディオファントスに正確に従い、ペルは第三の数 c を導入し、$a = c + 5$ と置き、したがって $b = 5 - c$ となる。彼の次の二行はこうなる。

$$\begin{array}{l|c|l} c = ? & 3 & a = c + 5 \text{とせよ} \\ 2' - 3' & 4 & b = 5 - c \end{array}$$

ここで2´−3´はちょうど二行目から三行目を引くことを意味する。こうしてすべてが整ったので解法の続きを見てみよう。五行目のペルの指示3´@3が三行目の立方で、二行目の10´ω2が一〇行目の平方根を取ることを意味している。ペルは、求めるべき値が見いだされたら小文字を大文字に変えている。

3´@3	5	$aaa = ccc + 15cc + 75c + 125$
4´@3	6	$bbb = 125 - 75c + 15cc - ccc$
5´ + 6´	7	$aaa + bbb = 30cc + 250$
7´, 1´	8	$30cc + 250 = 370$
8´ − 250	9	$30cc = 120$
9´ ÷ 30	10	$cc = 4$
10´ω2	11	$c = 2$
11´ + 5´	12	$c + 5 = 7$
5 − 11´	13	$5 - c = 3$
3´, 12´	14	$A = 7$
4´, 13´	15	$B = 3$

次の最後の四行は問題が正しく解けたかをチェックしている。

14´@3	16	*AAA* = 343
15´@3	17	*BBB* = 27
16´ + 17´	18	*AAA* + *BBB* = 370
14´ + 15´	19	*A* + *B* = 10

ペルはこの方法で『算術』の六巻全体を書き換える計画であった。計画のその後は不明であるが、完成していたとしても原稿は失われてしまった。もっとも、同時代人の多くは彼の方法に印象づけられた。友人ジョン・オーブリーは、ペルの方法を表す新しいラテン語の動詞さえ作った。pelliare つまり「ペル化する」である。

上記の例から、ペルは無駄に言葉を費やすことがよいものだとは思わなかったのは明らかである。一九行の計算に現れる唯一の単語は、「せよ」（彼は実際にはラテン語で sit と書いた）である。しかしもしその単語を消すなら、それらに置き換わる記号が必要で、ここでペルは発明の名人であった。左側の行を簡潔にするのに役立つ記号@とωは、その後は用いられなくなったが、割り算記号÷は今でも用いられている。[*46] 記号の発明はペルの特殊な才能の一つであった。ただ彼は、［数学に記号を導入するという］当時のちょっとしたイングランドの伝統に従っていたという側面もある。一五五七年までにロバート・レコードは、「この二つのもの以上に等しいものはないので」、二本の平行線から等号「＝」を考案していた。一六〇〇年頃トマス・ハリオットは不等号「＜」と「＞」を加え、bに掛けられたaをabと書く習慣を加えた。一六三一年にウィリアム・オートリッドは記号「×」を導入したが、それを用いることはほとんどなかった。彼はまた記号法が「各演算と論証の過程と手順全体を目にはっきりと映すことができる」、と熱心に論じていた。このことはまさしくペルが考えていたことでもあった。彼の方法は議論を視覚的にはっきりと示し、言葉による説明はもはや必要ないようにすることを目的としていた。それゆえディオファントスを「ペル化する」彼の努力は、ディオファントスとその『算術』に関するということよりは、むしろ一七世紀初期イングランドの代数学者たちの熱い思いを伝えてくれるのである。

このことは数学的再解釈よりはむしろ歴史的再解釈に当てはまる。つまり、そのことは一般的に、解釈されたもの以上に解釈する者について明らかにするのである。たとえば、代数学の起源に関する何世紀もの間流布していた話は、歴史的事実ではなくその時代の人々の共通認識を反映している。代数学は最初フワーリズミーの『ジャブルとムカーバラ』の翻訳を通じて、一二世紀後半に西洋の非イスラーム地域にもたらされた。かつてはこの初期の歴史は正確に知られていたが、一六世紀までには忘れ去られてしまっていた。とはいうものの、奇妙な音の単語「アルゲブラ」とそれに付随して用い

＊46 「÷」はラーン『ドイツ代数学』（一六五九）が初出で、これはペルの指導下で書かれた。

られる「アルムカバラ」だけから、[47]数学の起源はアラビアであることは認められていた。こうして一六世紀初期の著作家は、「代数学は偉大な知性を持つあるアラビア人」、ときに「あるアルゲベル某」(ここで言及されているのは一二世紀のスペインのムスリム天文学者ジャービル・イブン・アフラーだが、実際彼は代数学には関係ない)、あるいは漠然とした名前の「アラブ人ムハンマド・イブン・ムーサー」の発明であるとされていた。

また一方で一四六二年、ドイツの学者ヨハンネス・ミューラーが、ヴェネツィアでディオファントスの『算術』の写本を調査していた。彼は故郷のケーニヒスベルクをラテン語化した名称であるレギオモンタヌスとして知られている。三年後に彼はパドヴァでの講義で、『算術』の内容は「すべての算術の精華で、……今日アルゲブラというアラビア語の名前で呼ばれている」、と述べている。彼の講義内容は一五三七年まで出版されなかったが、その後すぐ他の著作家たちは同じ主張をし始めた。つまり代数学はディオファントスが発明し、後に「アラブ人たち」が採用したにすぎないと。ディオファントスが論じた問題は、文体も内容もイスラームのテクストに見られるものとは異なるので、アラビア代数学はどうもディオファントスに由来すると考えられたようには思えない。では、この時期、こういった話がなぜ受け入れられたのであろうか。それはギリシャにつながることが尊敬と高い評価を与えられていたからである。

西洋は数学をイスラーム世界から受け継いだ。しかし今日でさえ、ディオファントスはしばしば代数学の創始者といまだに信じられ、これは長年の論争となっている。ここで何が問題であるのかを数学的に理解することを心がける必要がある。ペルの例が証明しているように、ディオファントスが提案した「数を見つける」問題は今日の代数的手法で容易に扱える。彼はまた「不定問題」、つまり一つ以上の解がありうる問題も多く提案した。しかしこの問題でディオファントスは、何か特別な方法で複数存在する解のうち一つの解でも見つけることができれば通常はそれで満足した。実際彼の作品はアイデア満載で、具体的な問題を解くことを目的とした作品なのである。後のイスラーム代数学のテクストで提示され、より一般的な解法とは異なっている。またディオファントスは、たとえば未知数に対してς、その平方に対してΔ^{γ}と、初歩的な記号法を用いたと言われている。これはギリシャ語arithmos（数）［の末尾のς］と、dynamis（平方）［の冒頭のΔυ］の略字である。しかしこれはそれぞれ九世紀の写字生が導入したもので、ディオファントスのものでは決してありえないことが今日ではわかっている。『算術』に由来する数学は最終的に現代の数論に吸収され、他方でイスラームのジャブルのテクストのほうはより直接的に西洋代数学を誕生させたのである。「アルジェブラ」という単語は、「ジャブル」つまり「アルジェブラ」と記述される規則と手順を示すために取っておくべきである。これらの単語やそれに関わる歴史を、初期のまったく異なる伝統の中で仕事をした著作家［ディオファントス］に押し付けるべきではないように私には思える。

＊47　アルゲブラとアルムカバラは、アラビア語アル＝ジャブルとアル＝ムカーバラ（アルはアラビア語定冠詞）のラテン語音訳。

誰が最初に…？

今しがた検証した問題、「誰が代数学を発見したのか？」は、数学史家がしばしば問う典型的な問題である。彼らは、あるアイデアを誰が最初に発見したのか、発明したのか述べることができるとしばしば期待されている。しかし最も単純な場合を除けば、そのような問題に答えるのは極端に難しい。たとえば解析学の発見を取り上げてみよう。これは変化を記述し予測するときに用いられる数学の分野で、今日では生物学、医学、経済学、環境学、気象学に加えて、複雑な相互作用をする体系を扱うすべての科学に用いられている。それゆえ「誰が解析学を発見したか？」を知りたくなるのは理由がないわけではない。

それに簡潔に答えると、二人の人物がほとんど同時に、しかし独立して発見したと言える。ケンブリッジで研究していたアイザック・ニュートンと、パリで研究していたゴットフリート・ライプニッツである。現代の歴史家はこの問題についてもはや議論することはない。というのも、二人の手稿が残され、いつ、どの順で、彼らはアイデアを展開したかが正確にわかっているからである。また彼らはまったく異なる方法でその仕事に取り組み、各々は独自の用語と記号法とを工夫していた（ライプニッツは「微分法」と言い、ニュートンは「流率法」と呼んだ。ライプニッツは今日馴染みのある $\frac{dy}{dx}$ を発明し、他方ニュートンの考えた記号［$\dot{x}$ や $\ddot{x}$］は今やあまり用いられていない）。

しかしながら、当時の人々にとってこの話は決して明らかなことではなかった。基本的事実としては、ニュートンは一六六四年と一六六五年の間（二三歳の誕生日の前）に独自の解析学［流率法］を展開したが、それ以上なにもしなかった。一六七〇年代初期までに彼はロバート・フックと光学上の発見に関する知的小論争ですでに忙しく、解析学の発明に関してもう一つ論争するリスクを犯す気はしなかった。いずれにせよそのときまでには彼の興味は錬金術に移り、それは次の一〇年間彼の心を奪うことになった。他方、一六七三年、当時パリに住んでいたライプニッツは、以前ニュートンが興味を示していたのと同じ問題について独立して研究し始め、一六八四年に解析学に関する初の論文を発表し、一六九〇年代には別の論文も発表した。ニュートンはそれらにほとんど目にくれず、おそらく自身が行ったことと比較するとライプニッツの初期の仕事はかなり自明のことであるとみなしていたように思える。しかしながらいく人かのニュートンの友人はそれとは異なる考えを持ち、世紀の変わり目頃にはイングランドのニュートンの支持者たちは、ニュートンが最初の発明者であるということだけではなく、ライプニッツはニュートンからアイデアの種を実際に盗んだとほのめかし始めた。ライプニッツはロンドンに滞在中の一六七五年にニュートンの論文のいくつかを見ていた。加えて一六七六年にニュートンから書簡を受け取っていたことはライプニッツの立場を悪くした。しかしライプニッツがその書簡から何を学び、それがすでに彼が発見していたこととどのように関係するのかは、ライプニッツ以外に実際誰もわからない。

ニュートンもライプニッツも二人とも本人どうしの直接の対立は避けていたが、喧嘩腰の互いの取り巻きが徹底的に争うことは好きにさせていた。最終的に一七一一年ライプニッツは自身も会員である王立協会に論争に裁定を下すよう訴えた。当時王立協会の会長であったニュートンは委員会を設置はしたが、必要な会合はほとんど開くことはなかった。というのも、ニュートンはすでにこの論争の最終報告書を執筆中で多忙であったからである。ニュートン側に有利であったのも驚くべきことではないのである。しかもそれでも事が終わらなかった。論争は一七一六年のライプニッツの死までダラダラと続いた。この論争は、一八〇九年イングランドの生徒ジョージ・ピートがカンブリアで、なぜ「解析学」と呼ばれる科目ではなく「流率法」と呼ばれる科目を学んでいたかを説明してくれる。

以上は、誰もそこから抜け出ることのできない何の得にもならない話なのである。それをここで再び語るのは、当時それを見極めることがいかに困難であったことを強調するためである。誰もが、すべての事実を理解し、状況を完全に把握していたというわけではなかった。そのうえ議論が解析学全体の話なのか、あるいはその特別な面なのかを知ることも難しかった（ライプニッツは、英国人がこの論点を変えてしまっていることを非難していた）。そして論争というものがいつもそうであるように、本来の議論には無関係なことが持ち込まれた。しかしながらこの話のもう一つの重要な点は、真実を明らかにする最終的証拠は、当時の人々が書いたり述べたりしたこと…（良くも悪くも）たいていいつも偏っているのだが…ではなく、数学の手稿そのものに存在するということである。

解析学の場合のように、多かれ少なかれ同時期に二人が似たアイデアを発見することは数学では決して珍しいことではない。一旦アイデアの基礎が少しでも見えてくると、数学者なら容易にそれにたどりつくことができる。とりわけ二人が互いに連絡を取り合っている場合には、発見の栄誉を割り当てるのは非常に難しくなる。まさにこういった理由でワイルズは、フェルマの最終定理を研究している時期には、慎重を期して閉じこもっていたのである。解析学の場合、証拠となる資料が十分にあるので、実際に何が生じたのかを歴史家は解くことができた。しかしこれが必ずしもいつもそうであるとは限らない。一九世紀初期の二人の数学者、プラハのベルナルド・ボルツァーノとパリのオーギュスタン゠ルイ・コーシーもまた極めてよく似た［連続性の定義についての］アイデアを展開した。ボルツァーノは一八一七年、コーシーは一八二一年のことであった。コーシーはボルツァーノから「借用した」のであろうか。それともまったく独自に展開したのであろうか？　ボルツァーノの作品はあまり知られていないボヘミアの雑誌に発表されたが、そうは言っても、パリのコーシーは手に入れることができた。他方で両者は独立してラグランジュの初期の仕事に基づいて仕事をしていた。コーシーがよく用いていた研究方法から判断を下すことができるかもしれない。それはコーシーはいつも誰か他人の良いアイデアをみると、それを詳細に展開することを得意としていたからである。ただし確実な証拠を欠いているので、最終的には我々は正確には言うことができない。

誰が最初に発見したかを考察する際に生じるもう一つの問題は、その発見が実際には何から構成されているのか、というその定義の問題である。たとえば、最初ニュートンに、後にライプニッツに次第に意味をなすようになった、絡み合う関連するアイデアが洗練され、我々が「解析学」を手に入れたのは歴史上正確にいつの時点なのか、それを言うことはできるのであろうか。またどこで代数学は始まったのか、ピュタゴラスの定理はどの段階で、建築家に知られていた有益な事実とは異なる形式的な定理となったのか。すでに見たように、以上を正確に示すことは困難である。新しい数学はほとんどすべて先行する仕事の上に、ときに多くの役立つアイデアの上に築き上げられる。特定の技法や定理の先行者を跡づけることは歴史家の仕事の一つではあるが、それは誰が最初なのかを述べるためにではなく、数学のアイデアが時間とともにいかに変化したかを、より正確に理解するためになのである。

正しくする

どの定理も、それ以前に示された定理や定義から注意深く証明される。これがエウクレイデスの体系的で演繹的なスタイルである。また何世紀も守られてきた数学の伝統的スタイルであった。だがエウクレイデスでさえ誤りを犯さないわけではないことがわかった。エウクレイデスの公準の一つについて、すでに五世紀には疑念が出され、それに答えることがきわめて難しいことがわかった。この厄介な公準はしばしば平行線公準として知られている。それは様々な言葉で述べることができるが、最も単純なのは、平面上に線 l と、線上にはない点Pとが与えられたとき、Pを通り l に平行な線がただ一本存在する、というものである。[*48] それは三角形の内角の和は一八〇度になるという結果になり、我々の大半はどちらも受け入れることに困難ではない。しかしながらエウクレイデスへの多くの注釈家は、平行線公準は公準ではなく定理である、つまり他の定義や公準からどうにかしてそれを証明することができると考えた。サービト・イブン・クッラとオマル・ハイヤームはそれを試み、一六六三年のオックスフォードのジョン・ウォリスもそうであった。次いで一七三三年には、それ以外の点では今日ほとんど登場することのない、ジロラモ・サッケリという名の北イタリアのパヴィア大学数学教授が、違った取り組みを試みた。彼は、もし三角形の角を合わせると一八〇度より小さいか大きいかになると仮定すると何が生じるかを検討し、もちろん結果は矛盾するので、そういった仮定は退けることができると見込んでいた。しかしそれは間違っていた。角を加えて一八〇度より小さくなると仮定すると、矛盾しない奇妙な結果が生まれることになることがわかった。一〇〇年後、ロシアのカザン大学教授ニコライ・イヴァノヴィッチ・ロバチェフスキーと、北ルーマニアの今日クルイという都市出身のヤノシュ・ボヤイは、これらのアイデアをさらに押し進めた（これは独立したほぼ同時発見のもう一つの例である）。彼らは二人とも、数学的に受容可能だがまったくユークリッド的ではないある種の幾何学を構成できることを理解した。この考えは一九世紀の思想家たちを驚かせた。その結果、道を歩いて地球が丸いか平坦かを知ることができないのと同様に、無限空間自体がユークリッド的か非ユークリッド的かどうかは誰も知らない、ということになる。数学は世界に関する疑う余地のない真実を提供すると考えられてきたが、そういった真実も、突如として確実性が崩れることになると思えるようになった。

その結果、数学者は公理として形式的に知っていた基本的な仮定を、今までより慎重に吟味し始めることになった。実際一九世紀終わりから二〇世紀始めにかけて、数学全分野は本来のユークリッドのスタイルへと戻り、公理的基礎の上に打ち立てられるようになり、ギリシャ以来数学が取り扱うこ

＊48　これは今日ではプレイフェアーの公理と呼ばれている。

とのなかった論理的厳格さを数学に押し付けることになったのである。というのは、紀元前二世紀から一九世紀の間、数学はたいていはまったく行きあたりばったりの方法で展開してきたからである。実際、数学者は興味ある問題に新しい発想で応え、新しい方向に問題を広げてきた。そして新しく発見された数学を、これまでの数学と統一的にとらえる方法がないか探求してきた。現代数学のように、公理を打ち立て、その公理について論理的に考えることによって数学的発見をしたというのではなかった。もちろん数学者は自分の能力と経験とを正しく用いなければならない。ワイルズがケンブリッジの講義でしたように、最後には「証明」として知られた万全な議論を提示せねばならない。しかしそれは最初の洞察から始まり、厳格な研究を伴ってようやく道のかなたに見出すことができるのである。

上の節で議論した解析学の発見は、当初から決して論理的ではなかった数学の究極の例である。アイデア全体は、一七世紀の数学者が「無限小量」と呼ぶものに基礎を置いていた。しかしながら無限小量について必ずや問われる問いの一つは、それは一体大きさがあるのかどうか、ということである。もしあるのなら、それは「無限小」ではありえない。しかしもし大きさがないのなら、それは存在さえできず、知覚できる方法で計算の中でそれを用いることはできない。このことは、数学というよりは、針先の天使の議論のように些細なことのように見える。だが無限小量の議論はすぐさま矛盾に導かれるので、それは重要な問題なのである。数学は統一的で論理的建造物であるとみなされているので、矛盾が一つでもあると全体がひっくり返ってしまう（したがって数学者は、何かが不可能であることを証明したいのなら、サッケリがしたように、矛盾をわざと引き起こすことがよくある。この方法は帰謬法（reductio ad absurdum）と呼ばれている）。

ニュートンもライプニッツも二人とも無限小のパラドックスをよく知っており、全身全霊でそれを扱った。ニュートンはそれに真正面から取り組み、ライプニッツはまわりから取り組んだ。後になると数学者だけではなく高学歴の人々もまたそのことに気づいていた。たとえば司教ジョージ・バークリーは、『解析者：不誠実な数学者に向けた論考』と呼ばれる本で、「宗教的上の問題でたいへん慎重な数学者は、自分の学問にもきわめて厳正であるかどうか？　数学者は権威に服従しないのに、なぜ物事を信頼し、考えも及ばない点を信じてしまうのか」と尋ねている。こうした懸念によって数学者は研究を進めるのをやめてしまうのであろうか？　そうではない。なぜなら解析学が展開した当初、数学者はそれがいかに強力でありうるかを理解しており、それを光線、懸垂、落下物体、振動弦や自然界の他の多くの現象に次々と適用していき、それは多くの成功を生むことになったからである。数学者は数学的難点というよりも形而上学的難点とみなすことに対しては、ほとんど諦めようとはしなかった。この問題はあまりにテクニカルなのでここでは議論することはできないが、多くの人々の満足のいくような結果に至るまで約一五〇年もかかった。しかしながらこの同じ一五〇年の間に、数学は、その基礎は不安定ではあったが予想外に発達することになった。

同じことは一九世紀の事例にもある。一八二二年パリのエコール・ポリテクニクの講師ジョセフ・フーリエは、熱の拡散についての論考『熱の解析理論』を出版した。その中でフーリエは、正弦と余弦の無限列を用いて周期的分布を記述するアイデアを研究した。これらの無限列は今日フーリエ級数として知られ、工学や物理学で広範に応用されている。しかしながらフーリエが当初引き出したものは、誤りと不適切な考察でいっぱいであった。これらのいくつかは互いに帳消しにしてしまい、それらの多くにフーリエは気づいていたとしても、無視していた。要するに、フーリエ級数の当初の理論にはしっかりした基礎があったわけではなく、それは解析学の場合と同じであった。しかし解析学と同様それは直ちに豊かで有益な道具となることがわかった。だが解析学の場合と同様、フーリエの後の多くの数学者は、欠陥の穴埋めに多くの時間を費やさねばならなかった。

以上の事例は特殊なものではない。すでに見たように、フーリエよりずっと才能ある数学者ワイルズは、誤りを修正するために似たような手順を踏まなければならなかったが、彼の場合はたった二年ですみ、一世紀もかからなかった。数学上の新しい発見は、ほとんどすべて大雑把な状態で始まるが、その後改良され洗練されてはじめて、同僚に提示され、もちろん初心者に教えられるのである。

現在の大半の数学教科書はエウクレイデス『原論』と同じ様式に従って、基本的前提から始まり、論理の流れが途切れなく構築されている。要するに、最初の探求者が見たこともないわかりやすい道を学生が辿ることが可能となり、我々も数学とはそのようなものだと思い込んでいる。もし、もとの発見の場に戻る機会が学生に与えられとするなら、［普段学校で教わっている数学とは］まったく異なるもの、つまり試行錯誤の過程、誤った出発、行き詰まりを発見することになりそうだ。革新者はしばしばアイデアを未完成のままにしておき、後の誰か他の人物が展開するために残しておく。何カ月も何年もかけてアイデアを洗練し完成する重要な仕事は、多くは教師によってなされる。優れた教師は革新者ではないが、初心者に内容をわかりやすく説明する方法を知っている。これは革新する能力と同様に重要な能力である。そしてこの教師がアイデアを最終的に採用できる形にするのである。しかし、教科書に記述されている洗練された解説は、数学が最初に生まれた当初の洞察力・刻苦、想像力・苦闘を教えてくれることはほとんどない。これは歴史家の仕事なのである。

第7章

数学史記述法の発展

数学史の研究方法は、この数世紀で劇的に変化した。それは知性史の変化に歩調を合わせ、またあるいは数学に特有な事情で起こった。第2章で見たように、一五五〇年代のジョン・リーランドの取り組み法は、一世紀後にはゲラルドゥス・ヨハンネス・ヴォシウスが受け継いだが、それは著者、時代、テクストに関して出来得る限りたくさんの事実を記録することであり、それらのテクストの内容を分析することではなかった。しかしながら数学に興味をいだく人には、一七世紀終わりまでに数学の力と展望と技法とが急激に進展したことは明らかである。「幾何学は日毎に改良されていく」とジョセフ・グランヴィルは一六六八年に書き、他方でその数年後ジョン・ウォリスは、代数学を「今の高さ」にもたらした「発展と増進」を称賛した。

『百科全書』の時代である一八世紀には、数学史に関する堅実な刊行物が二点出版された。一七五八年にパリで出版されたジャン゠エチエンヌ・モンチュクラの『数学史』(一七九九－一八〇二年には四巻に拡張された）と、多くの歴史項目を含む一七九五年にロンドンで出版されたチャールズ・ハットンの『数学的・哲学的辞書』である。しかしながら一九世紀までに他の研究領域と同様に、研究方法は、二次的な説明から古代中世のテクストを学術的に編集し翻訳することへと移っていった（これはルネサンスの時代にも生じた）。本書で前に議論したテクストの例をとると、ディオファントスの『算術』の最初の英訳は一八八五年にトマス・ヒースが出版した。ヒースのエウクレイデス『原論』は当時手入手できる最高の学問レヴェルの内容で、一九〇八年に出版された。中世ラテン語訳からのフワーリズミーの『代数学』の翻訳は、チャールズ・ルイス・カルピンスキーによってわずか数年後の一九一五年に出版された。以上の書籍は非常に貴重であったし、いまでもそれにかわりない。『算術』も『代数学』もそれまで英訳はなかったからである。ヒースの『原論』は今日でも標準的な英語版であり続けている。

しかしながら現代の歴史家はもはやそういった書籍を注意して扱う。『算術』についてのヒースによる書物は、『アレクサンドリアのディオファントス：ギリシャの代数学史研究』という表題で、本書ですでに述べた問題を引き起こしかねないタイトルである。さらに、ヒースによるアポロニオスの編集本への注釈は、「文章で書かれた証明を現代記号で巧みに要約し置き換えたおかげで、原本の紙幅を半分以下に抑えることができた」。この場合、歴史家はこのヒースの仕事にもはや感謝する必要はなく、要約されていない原テクストを参照するほうを選び、現代記号による時代錯誤を避けるほうがよい。きわめて多くの二〇世紀初期の数学史研究は、しばしば歴史家というよりはむしろ数学者が携わり、本来エジプトのヒエログリフ、シュメール語、サンスクリット、ギリシャ語で書かれたテクストを、現代数学の記号と概念に翻訳するという同じ方法で進められた。訳者の動機自体は咎められるべきではない。というのも、一見まったく異質なように見えるアイデアを理解しようとすると、それらを馴染みあるものに関連付けることは自然なことだからである。ここで危険なのは、馴染みのないアイデアを古風な表現のせいにして、今日から見てより効率的なものにかえてしまうことである。この方法によると、元の著者の視点のかわりに我々自身の視点で歴史を書き換えてしまうのである。

現代化すれば歪曲が生じると、その現代化に反対した最初の数学史家は、古代数学を研究する数学史家であった。一九九〇年代には、できるだけ原典の言い回しや思考回路を復元し保存しようとする方法が取られるようになった。アルキメデスの編集者で翻訳者のリヴィエル・ネッツは、今日よく引用される所見で述べている。「学問的な翻訳の目的は、他のすべての障壁はそのままでもいいから、外国語自体に関連する障壁をすべて取り除くことである」。このことによって数学史原典の現代の解読者は、五〇年前の解読者よりもはるかに困難が伴うことにはなるが、歴史の理解で得るものは比較にならないほど豊かになる。

古代の数学テクストを研究する者は、過去には資料が行きあたりばったりで集められたこともあって、歴史記述法の他の面に道を開いた。たとえば、一つの粘土板はそれがどこでいつ書かれたかがわからなければ、ほとんど何も教えてはくれない。特定のテクストが、同じ地域あるいはその他で発見された他のテクストとどのような関係にあるのかの実情を調べようとするなら、そういった情報は重要である。初期に発掘された多くの粘土板は博物館に保管されているが、そこには出土地について最低限の情報しかないし、まったく情報がなく古物市場で売られているものもあり、そのことから今日歴史家がそれらから有益な情報を引き出すことは極めて困難になっている。幸いにも今日の考古学者は、埋蔵品を各層から発掘する前に、とても慎重にその位置や周囲の状況を記録している。現代技術を用いて、ペンとインクによる筆写で消えかかったり破損したテクストが解読できることもある。第3章で言及したアルキメデスのテクストの復元の研究はこの点でとくに注目すべきである。学者たちは多くのオリジナルのテクストを読むことができるようになったのみならず、羊皮紙の文字を削り取って消し、そこに上書きした写字生が誰なのかを確定することもできるようになった。一二二九年の四旬節にコンスタンティノポリスで仕事をしていたヨアンネス・ミロナスが「アルキメデスの写本に上書きした」その人物である。テクストの復元とテクストの来歴の発見とは相伴なうのがまずもってよいのである。

数学史家は、数学は外部の影響を受けず自立的に発展すると考える、純粋に「内的アプローチ」から次第に離れていった。本書で幾度となく見てきたように、数学的活動は何世紀にもわたり、多くの方法で現れ、社会や文化の影響を受けてきた。しかしながら細事にこだわり大事を逸するべきではない。数学者はしばしば特定の問題に従事することがあるが、それはその問題が有益であるからとか、誰かによって要求されたからというのではなく、問題自身が数学者の想像力を捕まえるからなのである。これはまさしくニュートンやライプニッツの解析学、ボヤイとロバチェフスキーの非ユークリッド幾何学、ワイルズのフェルマの最終定理の場合にあてはまる。この場合、何よりもまず数学への深く集中的な没頭によって数学は発展するのであり、その意味では数学的創造は内的行為であると言うことができる。だがある特定の時代や場所で重要だとされる数学問題、問題が生まれるようになった道筋、問題が理解され解釈される道筋は、いずれも数学自体の外部にある多くの社会的、政治的、経済的、文化的な要因から影響を受けているのである。文脈は歴史家にとってその内容と同様に重要になったのである。

近年のもう一つ重要な変化は、有名な少数の数学者によってなされた数学は、数学活動の多様性や、社会層の他のレヴェルの経験を反映してはいない（ただしその上に築かれてはいるが）ことが次第に認識されるようになったことである。もちろん非エリートの数学に関する歴史は本書の鍵となる主題の一つである。さらに数学史家は、多くの他の分野の学者と同様に、性別や民族性の問題にはるかに神経質になってきている。近代西洋に先行するあるいはそれを超えた文化に関する研究は、資料不足や言語の壁によって過去には制約を受けていたが、状況はいまや変化し始め、ウェブ上の画像、新しい翻訳、学問的注釈によって、増大する原典資料が簡単に手に入るようになり、また理解しやすくなった。したがって過去の数学は、もはや現在の数学の先行者としてではなく、当時の文化の完全な一部とみなされるようになった。

数学史に従事する者は、学問分野の境界を超えることが必要とされる。実際、数学史を研究する大きな喜びの一つは、考古学者、記録保管人、中国研究家、古典学者、東洋学者、中世研究家、科学史家、言語学者、美術史家、文芸評論家、博物館学芸員など多くの専門家から学ぶことができることである。資料の範囲は同様に広がり、もはや当時の最新のアイデアを説明した書籍や手稿に限定されることはなく、書簡、日記、覚書、練習帳、計測器具、計算器、絵画、スケッチ、小説を含んでいる。この最後の項目は意外なように思えるかもしれないが、小説家は数学についてのその時代の見方を最も鋭く明瞭に報告しているかもしれないのである。このテーマの探求に興味ある読者は、巻末の「参考文献」を参照すればより多くのことを見出すことができる。

この五〇年以上にわたって歴史家が問うてきた問題は変化し多様になった。もはや、単に誰が、何を、いつ発見したか、と問うだけでは十分ではない。我々は、人々や個々人が関わったのはどのような数学的実践なのか、またそれはなぜかも知りたい。加えてどのような歴史的影響や地理的影響が作用したのか？　数学者やその取り巻きによって数学的活動はどのように理解されたのか？　とりわけ価値を持っていた点は何か？　数学を保存し伝えるのにどのような方法が取られたのか？　誰がそれを経済的に支援したのか？　個々の数学者は自分の時間と能力をいかに用いたのか？　数学者の動機は何か？　数学者は何を生み出したのか？　数学者はそれで何をしたのか？　そして数学者はそれに至るまで誰と議論し、協力し主張しあったのか？

これら問いの大半に確実な解答を与えることは難しいであろう。数学史家は、他の歴史家と同様、わずかな資料に基づいて研究する。そこからできるだけ慎重に、過去について未完成の物語を再構成しなければならない。その試みは、文学や音楽を創造するのと同じように価値がある。それによって古くから存在し、広く行き渡った人間活動について我々は学ぶことができる。数学を行うこと、そして創造することは、それ自身とても豊かなものであり、様々な文化形式の中に現れているのである。

参考文献

第1章

一次資料

Robert Recorde, *The Pathway to Knowledge* (London, 1551); painstakingly reprinted by Gordon and Elizabeth Roberts (TGR Renascent Books, 2009).

二次資料

Markus Asper, 'The two cultures of mathematics in ancient Greece', in Eleanor Robson and Jacqueline Stedall (eds), *The Oxford Handbook of the History of Mathematics* (Oxford University Press, 2009), pp. 107-132.

マルクス・アスパー「古代ギリシャ数学の2つの文化」（斎藤憲訳）Eleanor Robson, Jacqueline Stedall 編『Oxford 数学史』（斎藤憲、三浦伸夫、三宅克哉監訳）共立出版、二〇一四年、九一－一一六頁。

Simon Singh, *Fermat's Last Theorem* (Fourth Estate, 1997; Harper Perennial, 2007).

サイモン・シン『フェルマーの最終定理』（青木薫訳）新潮文庫、二〇〇六。

第2章

一次資料

The Suàn shù shū, writings on reckoning: a translation of a Chinese mathematical collection of the second century BC, *with explanatory commentary*, tr. Christopher Cullen (Needham Research Institute, 2004).

張家山漢簡『算数書』研究会編『漢簡「算数書」：中国最古の数学書』同朋舎、二〇〇六。

二次資料
G. E. R. Lloyd, 'What was mathematics in the ancient world?', in Eleanor Robson and Jacqueline Stedall (eds), *The Oxford Handbook of the History of Mathematics* (Oxford University Press, 2009), pp. 7-25.
ジェフリー・ロイド「古代世界における数学とは何だったのか？　ギリシャと中国の視点」（斎藤憲、小川束訳）『Oxford数学史』三-二〇頁。

第3章

一次資料
The thirteen books of Euclid's *Elements* in MS D'Orville 301, from 888, http://www.claymath.org/library/historical/euclid/last accessed November 2011.
『ユークリッド原論』追補版（中村幸四郎、寺阪英孝、伊東俊太郎、池田美恵訳）共立出版、二〇一一。『エウクレイデス全集』一、二巻（斎藤憲、三浦伸夫訳・解説）東京大学出版会、二〇〇八-二〇一五。

二次資料
Annette Imhausen, 'Traditions and myths in the historiography of Egyptian mathematics', in Eleanor Robson and Jacqueline Stedall (eds), *The Oxford Handbook of the History of Mathematics* (Oxford University Press, 2009), pp. 781-800.
アネット・イムハウゼン「エジプト数学の歴史記述における伝統と神話」（三浦伸夫訳）『Oxford 数学史』七一三-七三〇頁。
Reviel Netz and William Noel, *The Archimedes Codex: revealing the secret of the world's greatest palimpsest* (Weidenfeld and Nicolson, 2007).
ウィリアム・ノエル、リヴィエル・ネッツ『解読！アルキメデス写本』（吉田晋治訳）光文社、二〇〇八。

Corinna Rossi, 'Mixing, building, and feeding: mathematics and technology in ancient Egypt', in Eleanor Robson and Jacqueline Stedall (eds), *The Oxford Handbook of the History of Mathematics* (Oxford University Press, 2009), pp. 407-28.
コリンナ・ロッシ「混ぜること、建てること、養うこと：古代エジプトの数学と技術」（山本啓二訳）『Oxford 数学史』三六三－三八二頁。

第5章

Sonja Brentjes, 'Patronage of the mathematical sciences in Islamic societies', in Eleanor Robson and Jacqueline Stedall (eds), *The Oxford Handbook of the History of Mathematics* (Oxford University Press, 2009), pp. 301-27.
ソーニャ・ブレンチェス「イスラーム諸社会における数理科学へのパトロネージ」（廣瀬匠訳）『Oxford 数学史』二六七－二九〇頁。

わ 行

ま　行

や　行

ら　行

た 行

な 行

は 行

さ 行

か　行

索　引

あ 行

ステドール　数学の歴史

令和2年1月31日　発　行

訳　　者　三　浦　伸　夫

発 行 者　池　田　和　博

発 行 所　丸善出版株式会社
〒101-0051 東京都千代田区神田神保町二丁目17番
編集：電話(03)3512-3264／FAX(03)3512-3272
営業：電話(03)3512-3256／FAX(03)3512-3270
https://www.maruzen-publishing.co.jp

組版印刷・株式会社 日本制作センター／製本・株式会社 星共社

ISBN 978-4-621-30485-3 C1041　　Printed in Japan